big data @ work

big data @ work

Chancen erkennen, Risiken verstehen

VAHLEN

THOMAS H. DAVENPORT

Aus dem Amerikanischen übersetzt von Petra Paulus

THOMAS H. DAVENPORT ist Professor für Informationstechnologie und -management am Babson College und Forschungswissenschaftler am MIT Center for Digital Business. Zudem ist er Mitbegründer und Forschungsdirektor am International Institute for Analytics und Senior Berater von Deloitte Analytics. Davenport ist Co-Autor der Bücher *Competing on Analytics, Analytics at Work* und *Keeping Up with the Quants*. Er ist darüber hinaus Autor, Co-Autor bzw. Herausgeber von 18 weiteren Büchern. Sein Artikel „Competing on Analytics" aus dem Jahr 2006 gehört zu den zehn „Must Reads" in der 90jährigen Geschichte vom *Harvard Business Review*. Die US-amerikanische Zeitschrift *Consulting* wählte ihn zu einem der 25 weltweit einflussreichsten Berater, Ziff Davis zu einem der 100 einflussreichsten Menschen in der IT-Branche und die Zeitschrift *Fortune* zu einem der weltweit 50 besten Business School-Professoren.

Published by arrangement with Harvard Business Review Press

ISBN 978 3 8006 4814 6

Satz: Fotosatz Buck
Zweikirchener Str. 7, 84036 Kumhausen
Druck und Bindung: BELTZ Bad Langensalza GmbH
Neustädter Straße 1–4, 99947 Bad Langensalza
Umschlaggestaltung: Ralph Zimmermann – Bureau Parapluie,
nach einem Entwurf von Jacket Design: Stephani Finks
Gedruckt auf säurefreiem, alterungsbeständigem Papier
(hergestellt aus chlorfrei gebleichtem Zellstoff)

Danksagung

Es wäre toll, wenn ich clever genug wäre, dass all die Ideen in diesem Buch allein in meinem Gehirn entstanden wären. Dies ist jedoch nicht der Fall! Somit muss ich mich auf das Wohlwollen und die Weisheit von Anderen verlassen, die mir über ihre Erfahrungen mit Big Data berichteten. Ich bin all diesen Menschen dankbar. Hinter jeder Geschichte in diesem Buch steht ein großzügiger Mensch.

Zudem bin ich meinen Freunden beim SAS Institute dankbar, die einen Großteil meiner Forschung über Analytics finanziert haben. Zwei der von ihnen unterstützten Studien sind in diesem Buch beschrieben. Mike Bright ist mein Hauptansprechpartner bei SAS, und Scott VanValkenburg war mein erster Kontakt in diesem Unternehmen. Nach fast zehnjähriger Zusammenarbeit sind beide gute Freunde und Berater für mich geworden. Zudem möchte ich mich noch bei Ken Blank, Jim Davis, Carl Farrell, Jim Goodnight, Deb Orton, Adele Sweetwood und vielen anderen Mitarbeitern bei SAS bedanken.

Einen Teil meiner Forschungsaktivitäten, die in dieses Buch einflossen, habe ich mithilfe des von Jack Phillips und mir gegründeten International Institute for Analytics unternommen. Vielen Dank an Jack, Katherine Busey, Sarah Gates, Callie Youssi und den anderen Mitarbeitern bei SAS vom IIA für ihre Hilfe.

Schon seit einigen Jahren bin ich Senior Berater bei Deloitte Analytics. In dieser Zeit stand mir Jane Griffin als Mitstreiterin und Freundin zur Seite. Bedanken möchte ich mich auch bei Forrest Danson, Wendy DeHoef, Kelly Nelson, Tim Phillipps und Fred Roffman von Deloitte Analytics für ihre fortwährende Unterstützung. Marcus Shingles von Deloitte leitete ein Forschungsprojekt über Big Data beim Verband der amerikanischen Lebensmittelhersteller (Grocery

Manufacturers Association, GMA), an dem ich beteiligt war. Manche seiner Ideen finden sich ebenfalls in diesem Buch wieder.

Während ich dieses Buch schrieb, begann ich ein Forschungsprojekt über Datenerkennung, und einige Forschungsergebnisse schafften es ebenfalls in dieses Buch, bevor die Studie beendet war. Teradata Aster unterstützte mich bei dieser Forschungsarbeit, und ich möchte Tasso Argyros und Mary Gros dafür danken, dass sie Informationen über ihre Kunden und Produktressourcen mit mir geteilt haben.

Darüber hinaus arbeite ich als Berater bzw. externer Forschungsmitarbeiter mit einer Reihe von Unternehmen und Organisationen zusammen und lerne viel von ihnen. Hierbei handelt es sich um (in alphabetischer Reihenfolge) First Analytics, MarketShare, Medidata Solutions, MIT Center for Digital Business, Mu Sigma, Real Impact, Signals Intelligence Group und Via Science. Mein Hauptanliegen bei diesen Projekten ist es, von ihnen zu lernen. Und bisher haben alle dieses Ziel erfüllt!

Die Mitarbeiter von Harvard Business Review Press spielten ebenfalls eine wichtige Rolle bei der Realisierung dieses Buchprojektes. Melinda Merino hat einige meiner Bücher redigiert, und es war wieder eine reine Freude, mit ihr zu arbeiten. Ich meine mich sogar zu erinnern, dass die Idee zu diesem Buch von ihr stammte. Im Laufe der Zusammenarbeit an diesem Buch hatte sie tolle Vorschläge, um es fesselnder und interessanter zu machen.

Es war nachlässig von mir, in meinen letzten Büchern meiner langjährigen Presseagentin, Julie Devoll, nicht zu danken. Normalerweise weiß ich beim Schreiben der Danksagung noch nicht, welcher Verlag mein Buch veröffentlicht, und Julie hat mir ihre sachkundige und unermüdliche Unterstützung für dieses Projekt zugesichert. Falls jemand von diesem Buch hört oder liest, dann ist dies sehr wahrscheinlich Julies Verdienst.

Ich mag den Umschlagentwurf für dieses Buch; er ist das Ergebnis der ausgezeichneten Arbeit von Stephani Finks. Tracy Williams war für das Marketing des Buches verantwortlich, und Allison Peter hat die redaktionelle Bearbeitung und die Illustrationen völlig reibungslos abgewickelt. Vielen Dank an die Redakteurin Julia Kirby, meiner alten Freundin und häufigen Ansprechpartnerin beim *Harvard Business Review,* die mir geholfen hat, meine Gedanken zu diesem Thema in einer Reihe von Artikeln für die Zeitschrift zu ordnen.

Meine Frau, Jodi Davenport, drängte mich, ein Buch über Big Data zu schreiben, lange bevor ich tatsächlich damit anfangen habe. Meine Söhne Hayes und Chase haben zumindest ein indirektes Interesse an diesem Thema: Hayes, was die Unterhaltungsindustrie angeht, und Chase im Hinblick auf das Bildungswesen. Vielen Dank an alle für ihre Beratung.

Ich habe mehr Bücher geschrieben als ich Familienmitglieder habe, sodass ich mit der Widmung meiner Bücher bei meiner Familie wieder von vorne anfangen muss. *Competing on Analytics* widmete ich meiner Schwiegermutter Helen Kubik. Sie hat sich über die Widmung nicht nur mehr als alle anderen gefreut, sondern das Buch hat sich auch ziemlich gut verkauft. Also widme ich dieses Buch ebenfalls dir, Helen. Bitte lass deinen Zauber wieder wirken!

Vorwort von Péter Horváth

Alle Jahre wieder tauchen Begriffe auf, die die Theorie wie Praxis faszinieren. Sie sind in aller Munde, erweisen sich aber bei genauerem Hinsehen meist als schwammige Worthülsen. Umso notwendiger ist es, nüchtern zu prüfen, ob sie einen harten Kern haben, aus dem doch Früchte entstehen könnten.

Seit zwei, drei Jahren ist der Begriff „Big Data" auf dem Markt. Thomas Davenport war zunächst skeptisch, weil er wieder einmal ein Beispiel für einen „technology hype" ohne Substanz vermutete. Er ist dem Sachverhalt auf den Grund gegangen und hat Big Data aus Technik-, Kunden- und Managementperspektive analysiert. Das Ergebnis liegt nun auch in deutscher Sprache vor.

Dieses Buch zeigt in verständlicher Sprache und anhand vieler praktischer Beispiele, dass Big Data kein Tagesphänomen ist. Im Gegenteil: Big Data wird unsere Gesellschaft in vielen Bereichen grundlegend verändern – sowohl unsere private Existenz, aber auch die von Unternehmen. Davenport beschreibt überzeugend, was Big Data konkret bewirkt, welche Chancen und Risiken damit für Organisationen verbunden sind. Er bleibt nicht bei einer allgemeinen Analyse stehen, sondern entwirft eine Checkliste zur unternehmensindividuellen Einschätzung der Big Data-Bereitschaft.

Dieses Buch füllt eine Lücke zwischen den oberflächlichen Tagespublikationen und der technischen Informatikliteratur. Es wendet sich an die Entscheider in den Unternehmen und arbeitet heraus, warum Big Data ein strategisches Führungsthema ist.

Thomas H. Davenport ist ein weltweit anerkannter Experte für das Thema Big Data. Sein Buch ist eine spannende und nutzbringende

Lektüre für alle an diesem Themenkomplex Interessierten. Ich wünsche dem Buch die ihm gebührende große Verbreitung.

Péter Horváth

Inhaltsverzeichnis

1

Warum Big Data für Sie und Ihr Unternehmen wichtig ist

Obwohl große Datenmengen zweifellos *big* sind, so ist die Bezeichnung „Big Data" dennoch etwas irreführend. Big Data ist ein Sammelbegriff für Daten, die nicht in die übliche Datenschublade passen. Sie sind zu umfangreich, um auf einem einzigen Server Platz zu haben, zu unstrukturiert, um in das Zeilen- und Spalten-Format einer relationalen Datenbank zu passen; sie fallen kontinuierlich an und passen somit nicht in ein statisches Data-Warehouse. Meist steht zwar die Größe im Fokus der Aufmerksamkeit, der schwierigste Aspekt von Big Data ist jedoch die fehlende Struktur der Daten.

Am Anfang von Büchern wie diesem wird normalerweise erst einmal erläutert, wie viele Daten es auf der ganzen Welt gibt. Sie kennen die Zahlen und Vergleiche – das durchschnittliche Unternehmen verfügt über 427 Mal so viele Daten, wie jemals in der US-amerikanischen Kongressbibliothek gespeichert wurde. Facebook verfügt über mehr Bilddaten, als die Gesamtmenge aller Pixel, die jemals von

Kodak verarbeitet wurden. Jeden Tag nehmen wir mehr Videos auf, als in den ersten 50 Jahren des Fernsehens gemacht wurden. Gut, es handelt sich hierbei nicht um tatsächliche Fakten. Ich habe sie mir aus den Fingern gesogen, aber wahrscheinlich liegen sie nicht weit von der Realität entfernt.

Ich verzichte in diesem Buch bewusst auf Aufzählungen dieser Art, weil ich sie nicht für wichtig halte. Tatsächlich ist eine unglaublich große Menge an Daten in Umlauf. Einer Studie zufolge gab es 2012 weltweit mehr als 2,8 Zettabyte an Daten (das entspricht 2,8 Billionen Gigabyte, eine geradezu unfassbar große Zahl).[1] Das ist mehr, als alles, was wir bisher gekannt haben, und in Zukunft wird diese Datenmenge nur noch größer werden. Aber obwohl es auf Cocktail-Partys vielleicht nützlich sein mag, mit der großen Datenmenge unseres Unternehmens zu prahlen, so ist das Gesamtvolumen an Daten für Unternehmen, die Big Data verarbeiten und davon profitieren sollen, nicht wirklich wichtig. Hier könnten wir uns sogar des alten Klischees bedienen, das meist jedoch in einem anderen Zusammenhang verwendet wird: „Größe spielt keine Rolle!"

Statt uns von der Menge der Daten blenden zu lassen, sollten wir diese lieber analysieren, um sie in Wissen, Innovationen und Werte umzuwandeln. Aus der oben genannten Studie geht hervor, dass lediglich 0,5 % der 2,8 Zettabyte Daten überhaupt auf irgendeine Art analysiert werden. Das größte Hindernis für die Analyse ist, dass wir Big Data zunächst einmal in eine Struktur bringen müssen. Die meisten dieser 2,8 Zettabyte liegen derzeit nicht in Zeilen- und Spalten-Formaten vor. Es steht uns also eine gewaltige Aufgabe bevor: Wir müssen die Daten zunächst einmal strukturieren und analysieren, bevor wir sie schließlich nutzen können. Und nicht alles davon wird auch wirklich nützlich sein. Laut Schätzung der Studie haben ungefähr 25 % der Daten auch einen potenziellen Wert. Unabhängig von diesem Prozentsatz ist dies jedoch nur die Spitze des Eisbergs dessen, was möglich ist.

Jenseits des Big Data Hypes

Sie sollten skeptisch gegenüber Big Data und dem damit verbundenen Hype sein. Ich war es auch, bis ich anfing, über dieses Thema zu recherchieren. Ich hatte bereits mit Unternehmen im Bereich der Datenanalyse (Analytics) zusammengearbeitet und auch Bücher über das Thema geschrieben, beispielsweise *Competing on Analytics* (mit Jeanne Harris) und *Analytics at Work* (mit Jeanne Harris und Bob Morison). Ich habe weit über 100 Unternehmen dabei beraten, mithilfe von Datenanalysen Wettbewerbsvorteile zu erzielen. Und am Anfang dachte ich, dass mit dem Begriff Big Data dem altbekannten Thema Analytics lediglich ein neues Etikett verpasst wurde. Im vierten Quartal 2010 nahm das Thema dann allerdings Fahrt auf. Bis dahin gab es noch nicht viele Beispiele zu Big Data außerhalb des Silicon Valley. Also nahm ich an, dass es sich nur um ein weiteres Beispiel von Hersteller-, Berater- und Technologie-Analysten-Hype handelt. Ich zog sogar kurz in Erwägung, den Begriff *Analytics* in meinen Büchern einfach gegen *Big Data* auszutauschen.

Während meiner Recherchen zu Big Data merkte ich, dass meine Skepsis unangebracht war. Ich habe einige systematische Untersuchungen durchgeführt, z. B. über Datenwissenschaftler, dem menschlichen Faktor von Big Data, Big Data in großen Unternehmen, Big Data in der Reisebranche sowie über die Datenerkennung (die sog. Data Discovery) von Big Data.[2] Ich habe mehr als 100 Gespräche mit jungen Big Data-Unternehmen, etablierten Online-Unternehmen und großen Unternehmen in traditionellen Branchen geführt. In großen, etablierten Unternehmen traf ich des Öfteren Manager, die meine anfängliche Skepsis teilten und dem Hype ebenfalls misstrauten. Sie hatten häufig das Gefühl, dass sie sich schon seit Jahren mit Big Data befassen (zumindest, wenn man das große Datenvolumen als den zentralen Aspekt der Definition betrachtet) und dies nichts Neues für sie sei. Im weiteren Verlauf meiner Gespräche gaben die meisten Manager dann jedoch zu, dass die fehlende Struktur der meisten Daten, mit denen wir heute umgehen, neue Herausforderungen, aber auch neue Geschäftsmöglichkeiten mit sich bringt.

Aufgrund dieser Ergebnisse schloss ich, dass es tatsächlich Unterschiede zwischen traditionellen Analytics-Lösungen und Big Data gibt. Diese ließen sich allerdings beim Lesen anderer Artikel und Bücher zu diesem Thema nicht immer erkennen, da die Differenzierung häufig sehr schwammig war (in Tabelle 1.1 sind die Unterschiede zusammengefasst).

	Big Data	Traditionelle Analytics-Lösungen
Datentyp	Unstrukturierte Formate	Formatiert in Zeilen und Spalten
Datenvolumen	100 Terabyte bis Petabyte	Zweistelliger Terabyte-Bereich oder weniger
Datenfluss	Konstanter Datenfluss	Statischer Datenbestand
Analysemethoden	Maschinelles Lernen	Hypothesenbasiert
Hauptzweck	Datenbasierte Produkte	Interne Entscheidungsunterstützung und -dienste

Tabelle 1.1: Big Data und traditionelle Analytics-Lösungen

Auf diese Unterschiede werde ich immer wieder in diesem Buch zurückkommen. Meine Argumentation, dass Big Data – trotz meiner bestehenden Bedenken gegen den Namen dieses Phänomens – aus der Geschäftswelt nicht mehr wegzudenken und für viele Unternehmen von großer Bedeutung ist, wird sich wie ein roter Faden durch das gesamte Buch ziehen. Ich hoffe, dass ich Sie von dieser Meinung überzeugen kann.

Wenn Sie glauben, dass Big Data für Sie und Ihr Unternehmen wichtig ist, sollten Sie sich damit auseinandersetzen. Sie müssen entscheiden, welche Aspekte von Big Data sich am besten auf Ihr Unternehmen anwenden lassen und diese dann in Angriff nehmen. Sie müssen geeignete Mitarbeiter einstellen oder ausbilden, damit Big Data in Ihrem Unternehmen funktioniert. Außerdem müssen Sie Ihre Technologie-Architektur verändern. Dieses Buch ist nur dann erfolgreich, wenn Sie diese Dinge angehen.

Ziel dieses Buchs ist es also nicht, Ihnen etwas verkaufen zu wollen, sondern Sie dabei zu unterstützen, sinnvolle Entscheidungen für Sie und Ihr Unternehmen zu treffen. Ich werde Ihnen erzählen, was mich an Big Data beeindruckt hat, und dabei nicht verheimlichen, welche Aspekte meiner Meinung nach überbewertet werden. Dann werde ich erläutern, wie Big Data die unterschiedlichen Branchen und Unternehmen transformieren wird, und welche davon zumindest vorübergehend noch nicht betroffen sein werden. Wenn Sie sich für Big Data in Ihrem Unternehmen entscheiden, dann hilft Ihnen dieses Buch, sinnvolle und ökonomische Wege dahin zu finden.

Natürlich möchte ich sorgsam mit Ihrer Zeit umgehen, hoffe jedoch, dass Sie offen sind für ein Big Data-Projekt. Unter Umständen bleibt es ja bei einem Sondierungsprojekt zum Aufbau entsprechender Kapazitäten. Zumindest sollten Sie sich mit der Frage beschäftigen, inwieweit Big Data sinnvoll für Ihr Unternehmen sein kann.

Wer sind Sie?

Wer sind Sie eigentlich, dass Sie etwas über die Auswirkungen und den Wert von Big Data erfahren möchten? Die Leser meiner anderen Bücher über Analytics sind normalerweise clevere und ehrgeizige Geschäftsleute, die daran glauben, dass Daten und Technologien die Regeln, wie wir Geschäfte abwickeln, verändern können. Nun, ich gehe davon aus, dass Sie die gleichen Eigenschaften besitzen.

Ich habe jedoch festgestellt, dass Führungskräfte, die sich am meisten für Big Data interessieren, aus datenintensiven Abteilungen – wie Marketing, Logistik, immer häufiger auch aus Finance und Human Resources – stammen. Manager aus Abteilungen, die Big Data unterstützen, wie z. B. die IT-Abteilung, möchten häufig mehr über dieses Konzept erfahren. Besonders interessierte Führungskräfte arbeiten in Branchen, die entweder schon sehr datenorientiert (Online-Unternehmen) oder in denen große Umgestaltungen möglich sind. Letztlich kann das jede Branche treffen, insbesondere sind es aber solche mit vielen Kundendaten (Einzelhandel, Reise und Verkehr, Telekommunikation, Medien und Unterhaltung sowie Finanzdienstleistungen). Und natürlich auch Studenten, die sich auf eine Karriere in Big Data vorbereiten. Ich gratuliere Ihnen zu Ihrer Weitsicht! Dieser Bereich wird wahrscheinlich viele Jahre lang boomen.

Den meisten Managern, die ich kennengelernt habe, ist *Big Data* ein Begriff. Ihnen sicher auch. Und Sie wissen, dass sich Daten mit einer rasanten Geschwindigkeit vermehren. Ihnen ist aber vermutlich nicht ganz klar, was wirklich so anders an Big Data ist und wie es mit der herkömmlichen Datenverwaltung und Analytics zusammenhängt. Da geht es Ihnen wie den meisten Ihrer Kollegen. In einer Umfrage unter knapp 1.000 *Harvard Business Review*-Lesern im Jahr 2013 gaben die meisten Befragten beispielsweise an, dass sie mit dem Big Data-Konzept vertraut sind, nur 28 % sagten jedoch aus, dass ihr Unternehmen „derzeit Big Data nutzt, um bessere Entscheidungen zu treffen oder neue Geschäftsmöglichkeiten zu schaffen". Wiederum 23 % der Befragten gaben an, dass ihr Unternehmen eine Big Data-Strategie hat. Und nur ein kleiner Prozentsatz, nämlich 6 %, äußerten „starke Zustimmung" zu der Aussage „Mein Unternehmen hat die Auswirkungen von Big Data auf unsere wichtigsten Abteilungen beurteilt." Ein noch geringerer Prozentsatz (3,5 %) der Befragten bestätigten nachdrücklich: „Mein Unternehmen weiß, wie man Big Data auf unser Geschäft anwendet."

Aus diesem Grund haben Sie wahrscheinlich zu diesem Buch gegriffen – um Ihrem Unternehmen zu helfen, diese Fragen zu beantworten, und vielleicht auch, um Ihre Karriere damit voranzutreiben. Nun, in diesem Fall sind Sie hier richtig!

Wie lässt sich der Begriff *Big Data* sinnvoll zerlegen?

Viele Führungskräfte, mit denen ich über diese Phänomen gesprochen habe, sind vom Big Data-Konzept begeistert. Ich auch – mit Ausnahme des Namens. Das Konzept ist revolutionär und bietet für fast alle Branchen Möglichkeiten zum Wandel. Der Begriff als solcher ist jedoch aus vielen Gründen problematisch.

Zunächst einmal stellt das Adjektiv *big* (also groß) nur ein Unterscheidungsmerkmal der neuen Datenformen dar. Und für viele Unternehmen ist es nicht die wichtigste Eigenschaft. Eine Umfrage von NewVantage Partners im Jahr 2012 unter mehr als 50 Top-Managern großer Unternehmen kommt zu dem Schluss, dass es für sie viel wichtiger ist, das Problem der fehlenden Datenstruktur anzugehen, als deren Größe. In dieser Umfrage gaben 30 % der Befragten an, dass sie sich deshalb mit Big Data beschäftigen, um Daten aus unterschiedlichen Quellen analysieren zu können, weitere 22 % konzentrierten sich hauptsächlich darauf, neue Datentypen zu erkennen, und 12 % richteten ihr Hauptaugenmerk darauf, Datenströme zu analysieren. Nur 28 % der Befragten dieser Studie untersuchten Datensätze von 1 Terabyte Größe oder mehr, und ein Teil (13 %) war auf Datensätze zwischen 1 und 100 Terabyte Größe ausgerichtet – keine großen Mengen in Big Data-Relationen.[3]

Zudem ist der Ausdruck *big* natürlich relativ – was heute als groß bezeichnet wird, ist morgen nicht mehr ganz so groß. Und was für das eine Unternehmen groß ist, kann für ein anderes klein sein. Unter *big* verstehe ich generell ein Zehntel Petabyte oder mehr, aber Größe ist hier nur wichtig im Kontext anzuschaffender Hardware, um die Daten speichern und verarbeiten zu können.

Manche Leute definieren Big Data auch als die *drei V* (volume, velocity und variety – Volumen, Geschwindigkeit und Vielfalt). Andere haben weitere V hinzugefügt (veracity, value – Wahrhaftigkeit und Wert), und vielleicht kommt ja der Begriff venality, also Bestechlichkeit, als nächstes hinzu, was jedoch problematisch wäre. Natürlich sind dies wichtige Eigenschaften, aber was ist, wenn nur ein oder zwei dieser Begriffe auf Ihr Unternehmen zutreffen? Bedeutet das dann, dass Sie nur ein Drittel oder zwei Fünftel von Big Data haben?

Ein anderes Problem ist, dass zu viele Leute, insbesondere Verkäufer, den Begriff *Big Data* bereits für Analytics oder in extremen Fällen sogar für Reporting (Berichtswesen) oder Business Intelligence (Analyse und Reporting von Unternehmensdaten) verwenden. Es ist kein unbekanntes Phänomen, dass Hersteller und Berater jeden neuen und angesagten Begriff für ihr bestehendes Angebot verwenden. Seien Sie deshalb vorsichtig, wenn Sie Bücher, Artikel oder Werbung über Big Data lesen. Beziehen sie sich dann auf Reporting, datenbasierte Entscheidungsfindung oder herkömmliche Analytics, dann erhalten Sie sicherlich nützliche und wertvolle Ideen, diese sind aber meistens nicht wirklich neu.

Aufgrund dieser Probleme mit der Definition sage ich (und andere Experten, mit denen ich gesprochen habe) diesem unglücklichen Begriff eine relativ kurze Lebensdauer voraus. Die Medien und junge

Unternehmen haben sich diesen Begriff zu Eigen gemacht. Technologieunternehmen – insbesondere solche, die schon seit vielen Jahren mit großen Datenmengen umgehen wie Banken oder Verkehrsunternehmen – verwenden diesen Begriff nur widerwillig. In diesen Unternehmen hat man das Gefühl, dass die aktuelle Generation neuer Datenquellen und -arten nur eine von vielen früheren neuen Generationen sei. In Kapitel 8 gehe ich näher darauf ein. Natürlich bedeutet dies nicht, dass das „Phänomen, das als Big Data bekannt war" verschwinden wird. Wenn man das breite Spektrum an neuen und vielfältigen Datentypen beschreiben möchte, die im Laufe des letzten Jahrzehnts aufgetaucht sind, kann ich mir keinen besseren Sammelbegriff dafür als *Big Data* vorstellen.

Da er aber so unpräzise ist, müssen Unternehmen ihn etwas auseinandernehmen, um ihre Strategien verfeinern und allen Beteiligten signalisieren zu können, was sie wirklich mit diesen neuen Datentypen anfangen sollen und welche Arten die wichtigsten sind. Natürlich gibt es bei Big Data eine große Vielfalt, aus der sich der Anwender das Passende heraussuchen kann, wie Tabelle 1.2 zeigt.

Datenart	Datenquelle	Betroffene Branche	Betroffene Abteilung
Große Menge	Online	Finanzdienstleistungen	Marketing
Unstrukturiert	Video	Gesundheitswesen	Logistik
Durchgängiger Fluss	Sensor	Fertigung	Human Resources
Mehrere Formate	Genomisch	Reise/Verkehr	Finance

Tabelle 1.2: Die Möglichkeiten von Big Data

Statt zu sagen: „Wir starten eine Big Data-Initiative!" ist es konstruktiver zu sagen: „Wir analysieren die Videodaten unserer Geldautomaten und Filialen, um Kundenbeziehungen besser zu verstehen." Im Gesundheitswesen könnten Sie beispielsweise formulieren, dass Sie elektronische Patientenakten und genomische Daten miteinander kombinieren möchten, um personalisierte Behandlungspläne für Patienten erstellen zu können. Neben der Klarheit über Ihre Zielsetzung und Strategien, werden durch diesen Ansatz zudem endlose Diskussionen darüber vermieden, ob die entsprechenden Datenmengen nun groß oder klein sind (tatsächlich geben nur wenige Unternehmen zu, mit „kleinen Datenmengen" zu arbeiten, obwohl dies durchaus respektabel ist – und ich habe gelernt, dass ein Begriff nur dann wirklich nützlich ist, wenn das Gegenteil davon ebenfalls gültig ist).

Natürlich können Sie einen Modebegriff auch zu Ihrem Vorteil nutzen. Wenn Ihr Unternehmen nur auf neue und glanzvolle Managementziele reagiert – und wenn Big Data immer noch recht neu und glanzvoll ist, wenn Sie dieses Buch gelesen haben –, dann starten Sie unbedingt ein Big Data-Projekt (kurz BDP). Anders ausgedrückt, wenn es also funktioniert, mit dem Begriff Big Data in Ihrem Unternehmen Energien zu mobilisieren und Begeisterung auszulösen, dann arbeiten Sie damit! Seien Sie dann aber auch bereit, sich auf den nächsten Modebegriff für diese Aktivitäten einzulassen, sobald dieser auftaucht. IBM betreibt bereits ein Forschungszentrum für „Massive Data" – schließlich kann ein Unternehmen, das über „gigantische" Datenmengen verfügt, nicht hinterherhinken!

Trotz meiner Bedenken werde ich den Begriff *Big Data* in diesem Buch weiterverwenden, weil es derzeit keinen anderen gibt, der diese Ansammlung von Attributen besser beschreibt. Ich bin aber davon überzeugt, dass man trotz der unglücklichen Bezeichnung einen echten Nutzen aus dieser wertvollen Ressource ziehen kann, wenn man einige Ebenen tiefer geht.

Wird Big Data auf Dauer bestehen?

Vielleicht können wir uns darauf einigen, dass Big Data ein unvorteilhafter Name ist. Aber hat Big Data auch Bestand oder ist es nur eine Modeerscheinung? Ist es der Hula Hoop-Reifen oder Pet Rock* des Informationsmanagements?

* Pet Rocks waren graue Kieselsteine, die in einer Pappschachtel verpackt in Baumärkten verkauft und wie Haustiere gehalten wurden. Innerhalb weniger Monate wurden eine Million Pet Rocks verkauft und machten ihren Erfinder, Gary Dahl aus Kalifornien, in den 1970er Jahren zum Millionär (Quelle: Wikipedia).

Die Big Data-Idee enthält sicher verschiedene kurzlebige Elemente, besonders da das übergeordnete Konzept nicht besonders neu ist. Die Idee, Daten zu analysieren, um unseren geschäftlichen Aktivitäten einen Sinn zu verleihen, gibt es schon lange (UPS rief bereits 1954 eine Analytics-Gruppe ins Leben). Warum müssen wir also immer wieder neue Bezeichnungen dafür erfinden? Die Tätigkeit Daten zu analysieren, bezeichnete man früher als *Decision Support (Entscheidungsunterstützung), Executive Support (Führungskräfteunterstützung), Online Analytical Processing (Analytische Onlineverarbeitung), Business Intelligence, Analytics* und nun *Big Data* (siehe Tabelle 1.3).[4] Sicherlich gibt es in jeder Generation der Terminologie neue Elemente, aber rechtfertigt das sechs Generationen an Begriffen?

Begriff	Zeitraum	Bedeutung
Decision Support	1970–1985	Datenanalyse zur Entscheidungsunterstützung
Executive Support	1980–1990	Fokus auf Datenanalyse für Entscheidungen von Führungskräften
Online Analytical Processing (OLAP)	1990–2000	Software zur Analyse von mehrdimensionalen Datentabellen
Business Intelligence	1989–2005	Systeme zur Unterstützung von datenbasierten Entscheidungen mit dem Schwerpunkt auf Reporting
Analytics	2005–2010	Fokus auf der statistischen und mathematischen Datenanalyse zur Entscheidungsfindung
Big Data	2010–heute	Fokus auf sehr große, unstrukturierte, schnelllebige Daten

Tabelle 1.3: Terminologie zur Verwendung und Analyse von Daten

Allein die neuen und umfangreicheren Datenformen rechtfertigen es schon, einen neuen Begriff dafür zu kreieren. Nach einer Schätzung werden jeden Tag weltweit etwa 2,5 Trillionen (das ist eine 2,5 mit 18 Nullen!) Byte Daten generiert.[5] Und für wenig strukturierte Datentypen wäre es noch sinnvoller, einen neuen Begriff und Ansatz zu wählen. Manche Datentypen, wie Text oder Stimme, kennen wir schon sehr lange, aber ihre Menge im Internet und in anderen digitalen Formen läuten eine neue Ära ein, wie auch die neuen Technologien, mit denen sich diese Daten analysieren lassen.

Social Media-Daten sind wirklich neu, von Facebook- und Pinterest-Seiten bis hin zu Tweets. Ich weiß nicht, ob all diese Datenformen Bestand haben werden. Das normale Muster muss in größere Anwendungen eingebunden sein, damit die Funktionen ausgeführt werden können. Die Daten, die von ihnen generiert werden, und die Einblicke, die sie über ihre Autoren gewähren, werden jedoch niemals verschwinden.

Generell haben *Sensordaten* jedoch Bestand. Seit 2011 übersteigt die Anzahl von vernetzten Geräten die Weltbevölkerung. Analysten schätzen, dass bis zum Jahr 2025 etwa 50 Milliarden Sensoren mit dem Internet verbunden sein werden („The Internet of Things"), wovon jeder eine Menge Daten generieren kann. Frühere Prognosen gingen davon aus, dass mit dem Internet verbundene Sensoren hauptsächlich von privaten Geräten genutzt würden. Diesbezüglich gab es aber bisher nur wenig Fortschritt. Unsere Kühlschränke werden in absehbarer Zeit wahrscheinlich nicht mit dem Internet verbunden sein, aber unsere Fernseher, Sicherheitssysteme und Thermostate sind zunehmend in Netzwerke eingebunden. Jedes dieser Geräte generiert Daten, mit denen Verwendung, Verbrauch und Dienstleistungen im Zusammenhang mit diesen Geräten optimiert werden können.

Roger Parks, CIO des US-amerikanischen Agrarunternehmens J.R. Simplot, beschreibt Experimente seines Unternehmens, Sensoren zum Messen der Körpertemperatur in Kuhmägen zu platzieren (Kühe haben vier Mägen, und aus irgendeinem Grund scheint der zweite Magen die optimale Stelle dafür zu sein). Wenn die Kuh krank ist, weiß der Tierarzt aufgrund des Sensors sofort, dass etwas mit der Kuh nicht in Ordnung (die „digitale Kuh") ist, und er hat immer noch genügend Zeit, die Erkrankung zu behandeln. Andere Forscher experimentieren mit Sensoren, die *E. coli*-Bakterien in Kuhmägen nachweisen. Für die Kuh hoffe ich allerdings, dass bei all diesen Sensoren im Magen noch genügend Platz für Futter ist!

Menschen werden auch immer mehr „versensort" (eine Wortschöpfung von mir), meistens aus medizinischen und Fitness-Gründen. Wir befinden uns im Zeitalter der *Autoanalytics,* der Erfassung und Analyse persönlicher Fitness-, Produktivitäts- und Gesundheitsdaten.[6] Die erste mir bekannte beliebte Anwendung zur Analyse von persönlichen Daten (sog. *Personal Analytics*) war die Nike+/iPod-Kombination, die 2006 auf den Markt kam. Der Nike+-Schuh konnte die Laufzeit, -entfernung und -geschwindigkeit sowie die verbrauchten Kalorien erfassen und anzeigen, wenn er mit einem iPod verbunden wurde. Mittlerweile haben Nike und Apple eine Vielzahl unterschiedlicher Systeme entwickelt, mit denen Sie die Daten Ihres Workouts erfassen können (Pulssensoren, Links zu Cardio-Fitnessgeräten, Kleidung mit integrierten Sensoren etc.), und die vielen Nike+-Anwender (Berichten zufolge mehr als fünf Millionen) laden ihre Daten häufig auf ihre Laptops und auf die Website von Nike+ hoch. Damit können sie ihre Laufleistungen im Auge behalten, Freunde herausfordern und Online-Coachings für eigene Trainingsprogramme erhalten.

Andere Produkte wie Garmin Connect ermöglichen es Sportlern beispielsweise, ihre Aktivitäten aufzuzeichnen, neue Routen zu planen und ihre sportlichen Erfolge mit anderen zu teilen. Zed9 verfolgt Social Fitness-Aktivitäten, CycleOps misst Ihre Fahrrad-Power und Concept2 zeichnet Rudertrainings auf.

Über den Sport hinaus erstrecken sich Personal Analytics zunehmend auf weitere Bereiche wie Gesundheit, Wohlstand, Arbeit und Zufriedenheit im Allgemeinen. Das Unternehmen Withings bietet beispielsweise eine Waage mit WiFi- und Twitter-Verbindung an und beschäftigt sich auch mit weiteren Verbindungen von Gesundheitsgeräten. Eine Vielzahl von Herstellern, wie MyZeo, WakeMate, BodyMedia und Fitbit, bieten Schlafanalysegeräte an (mein Fitbit hat mich neulich informiert, dass meine Schlafeffizienz 97 % beträgt – ich war begeistert!). Metrics, ein junges Start-up aus Michigan, hat ein Universalwerkzeug zur Messung und Überwachung von Personal Analytics für fast alle Lebensbereiche entwickelt (z. B. Gesundheit, Gemütsverfassung, Finanzen, Fitness, Onlineaktivitäten etc.).

Und damit nicht genug. Ihr Smartphone zeichnet Ihre Standorte, Gespräche und immer häufiger auch Ihre Einkäufe auf. Computer können fast jeden Aspekt unseres Arbeitslebens nachverfolgen, wie Stephen Wolfram, CEO von Wolfram Research, in seinem Buch erläutert.[7] Er weiß beispielsweise, wann genau er jede seiner etwas 300.000 E-Mails seit 1989 verschickt hat! Sensoren überwachen unsere Haustiere, und vielleicht werden ja auch bald unsere Stimmungen und Gehirnströme erfasst und analysiert.

Der Großteil der Daten von Sensoren könnte jedoch eines Tages aus dem „industriellen Internet" kommen, d. h. von vernetzten Geräten in Fabriken, Verkehrsnetzwerken oder Energienetzen. General Electric sieht großes Potenzial in dieser Entwicklung, vor allem aufgrund der zu erwartenden Datenmengen. Das Unternehmen geht davon aus, dass bei der Überwachung von Gasschaufeln in energieerzeugenden Turbinen allein 588 Gigabyte Daten pro Tag generiert werden – sieben Mal so viel, wie Twitter täglich produziert.

Die umfangreichen Quellen sprechen also für eine Auseinandersetzung mit Big Data, auch wenn manchmal altbekannten Produkten einfach ein neues Etikett, in diesem Fall das Big Data-Etikett, verpasst wird. Unter dem Strich hat es grundlegende Veränderungen in der Struktur von Unternehmenssoftware gegeben. Wir bewegen uns weg von der Automatisierung von Transaktionen hin zur Analyse der Daten, die sie erzeugen. Wenn man bedenkt, dass SAP mehr Geld mit Business Intelligence und Analytics als mit seiner transaktionsorientierten Anwendungssuite verdient, wird klar, dass hier ein bedeutender Wandel stattgefunden hat. Wenn Firmen wie HP, EMC und Oracle größere Akquisitionen und Produktankündigungen im Bereich Big Data und Analytics tätigen, dann ist etwas Neues im Gange. Wenn IBM fast 20 Milliarden USD in Akquisitionen im Bereich Analytics investiert, dann zieht das Veränderungen nach sich. Selbst Microsoft – das Unternehmen, das gegründet wurde, um kleine Datenmengen auf PCs zu verwalten – hat einige Ankündigungen im Zusammenhang mit Big Data gemacht. Im Verlauf des Buches (hauptsächlich in Kapitel 5) werde ich Ihnen noch mehr über Big Data-Technologien erzählen. Und, was meinen Sie jetzt? Wie hoch schätzen Sie die Wahrscheinlichkeit, dass das Big-Data-Konzept wieder von der Bildfläche verschwindet, wenn so viele große Anbieter bei Big Data Schlange stehen?

Mehr Daten, mehr Technologie – was braucht man sonst, damit Big Data nicht nur ein Strohfeuer bleibt? Es sind die *Menschen*, die Big Data mit Leben füllen. Die Rolle des *Datenwissenschaftlers*, auf die ich recht ausführlich in Kapitel 4 eingehen werde, ist meiner Meinung nach der Hauptfaktor, ob Big Data in einem Unternehmen erfolgreich sein wird oder nicht. Daten sind oft kostenlos oder zumindest preiswert zu haben, Hard- und Software sind ebenfalls erschwinglich, aber geeignete Mitarbeiter sind teuer und schwer zu finden – zumindest noch. Meiner Meinung nach wird sich das Personalproblem in Zukunft abschwächen. Viele Universitäten bieten Studiengänge in Business Intelligence oder Analytics an, einige von ihnen haben mittlerweile Big Data-Themen in ihre Lehrpläne integriert. Es wird also nicht mehr lange dauern, bis Universitäten genügend qualifizierte Studenten hervorbringen werden. Das wird Big Data-Projekte in Unternehmen erleichtern und verhindern, dass es zum Arbeitskräftemangel kommt und die Big Data-Bewegung ins Stocken gerät.

All diese Indikatoren deuten darauf hin, dass Big Data und die damit verbundenen Konzepte und Technologien nicht verblassen, sondern uns viele Jahrzehnte lang begleiten werden – natürlich nur dann, wenn es den Unternehmen auch weiterhin wichtig ist, Geld zu sparen, mehr Produkte und Dienstleistungen zu verkaufen oder Kunden zufriedenzustellen. Und damit ist wohl zu rechnen!

Was ist neu aus Sicht des Managements?

In Kapitel 5 beschreibe ich das Neue der Big Data-Technologie. Wie so oft stellt eine neue Technologie zwar eine Herausforderung dar, die wirklich kritischen Faktoren sind jedoch das Management und die Menschen. Manche Probleme sind so neu, dass es noch keine Antworten darauf gibt, bei anderen haben wir bereits eine Vorstellung davon, wo die Lösung liegen könnte.

Eines dieser Probleme habe ich bereits angesprochen, nämlich geeignete Mitarbeiter für Big Data-Projekte zu finden. Dass wir auch geeignete Mitarbeiter für analytische Tätigkeiten benötigen, ist nicht neu. Aber die Art von Mitarbeitern, die wir für Big Data-Initiativen benötigen – nämlich Datenwissenschaftler (*Data Scientists*) –, unterscheidet sich von herkömmlichen Analysten. Sie gehen mühelos mit Daten um, sind experimentierfreudiger und produktorientierter. In Kapitel 4 werde ich Ihnen dies noch genauer erläutern.

Aufgrund der Tatsache, dass sich Daten, Technologie und Menschen in diesem Bereich von traditionellen Analyselösungen unterscheiden, müssen wir für Big Data gewisse Änderungen an den Organisationsstrukturen vornehmen. Es reicht nicht aus, Big Data einfach in die IT-Organisation zu integrieren. In großen Organisationen findet man Big Data-Teams in den Abteilungen Marketing, Finance, Produktentwicklung, Unternehmensstrategie und IT. In Kapitel 3 werde ich Ihnen mehr darüber erzählen, wo Sie diese Gruppen am besten eingliedern.

Die Unterstützung interner Unternehmensentscheidungen war das Hauptziel des traditionellen Informationsmanagements und seiner Analyselösungen. In dieser Hinsicht ist Big Data etwas anders. Statt Berichte oder Präsentationen zu erstellen, die Führungskräften als Basis für interne Entscheidungen dienen, arbeiten Datenwissenschaftler eher an kundenspezifischen Produkten und Dienstleistungen. Dies gilt insbesondere für Big Data-Start-ups, aber auch für größere, etablierte Unternehmen. So hat Reid Hoffman, Mitbegründer und Chairman von LinkedIn, seine Datenwissenschaftler als Produktteam im Unternehmen organisiert. Sie haben Funktionen entwickelt wie *People You May Know, Groups You May Like, Jobs You May Be Interested In* oder *Who's Viewed My Profile.* General Electric verwendet Big Data hauptsächlich zur Verbesserung seiner Dienstleistungen und optimiert seine Serviceverträge und Wartungsintervalle für Industrieprodukte mithilfe von Erkenntnissen aus der Datenwissenschaft. Und natürlich arbeitet Google – das Big Data-Unternehmen schlechthin – mit Datenwissenschaftlern, um seine universelle Suche und die AdServing-Algorithmen zu verfeinern. Bei Zynga richten Datenwissenschaftler Spiele und spielbezogene Produkte individuell auf die Kunden des Unternehmens aus. Netflix hat den Netflix-Preis für das Team von Datenwissenschaftlern ins Leben gerufen, das es schafft, den aktuellen Algorithmus für Kundenempfehlungen zu verbessern. Das Prüfunternehmen Kaplan entwickelt derzeit mit seinen Datenwissenschaftlern ein Beratungssystem für seine Kunden zum effektiven Lernen und zur Prüfungsvorbereitung. Die Big Data-Aktivitäten dieser Unternehmen sind direkt auf Produkte, Dienstleistungen und Kunden abgestimmt. Das hat natürlich erhebliche Auswirkungen auf den organisatorischen Status von Big Data sowie auf die Prozesse und die Geschwindigkeit neuer Produktentwicklungen.

Um Big Data für traditionelle interne Entscheidungsprozesse zu nutzen, werden noch neue Managementkonzepte benötigt. Der Grund hierfür ist, dass Big Data ständig fließt. Bei der traditionellen Entscheidungsunterstützung erfasst der Analyst Daten in einem Datenpool, analysiert sie, entwickelt ein Modell und berät den Entscheider anhand der ermittelten Ergebnisse. Bei Big Data ähneln die Daten jedoch weniger einem Pool, sondern eher einem reißenden Strom. Aus diesem Grund wird ein Ansatz zur kontinuierlichen Stichprobenerfassung, Analyse und Bearbeitung von Daten benötigt.

Dies wird besonders deutlich bei Anwendungen mit laufender Datenüberwachung, z. B. bei der Social Media-Sentimentanalyse (Stimmungsanalyse). Mithilfe der *Sentimentanalyse* kann ein Unternehmen beurteilen, ob Kommentare über seine Marken und Produkte in Blogs, Tweets und auf Facebook-Seiten insgesamt eher positiv oder negativ ausfallen. Ein mögliches Problem dieser Form der Datenüberwachung ist, dass Manager eher einem fortlaufenden Analyse- oder Berichtsfluss folgen, ohne Entscheidungen zu treffen oder Maßnahmen zu ergreifen. „Die Stimmung ist gut … Nein, sie ist schlecht … Hurra, sie ist wieder gut!" Bei fortlaufenden Überwachungsaktivitäten sollten daher Prozesse definiert werden, wann bestimmte Entscheidungen und Maßnahmen zu treffen sind oder wann Datenwerte außerhalb der Grenzwerte liegen. Diese Informationen helfen Entscheidern, Prozesse sowie Kriterien und Fristen für die Entscheidungen festzulegen.

Selbst die UNO – eine Organisation, die normalerweise nicht für ihre Agilität bekannt ist – findet langsam Gefallen an dieser neuen Art, Entscheidungen zu treffen. Das Global Pulse-Innovationslabor der Vereinten Nationen hat ein Big Data-Tool mit der Bezeichnung *HunchWorks*, einer überwachungsorientierten Big Data-Anwendung, entwickelt. Man beschreibt sich selbst als das „weltweit erste soziale Netzwerk zur Hypothesenbildung, Evidenzsammlung und kollektiven Entscheidungsfindung."[8] Dahinter steht der Gedanke, dass ein Analyst, sobald Daten auf einen Trend oder eine neue Erkenntnis hinweisen (z. B. Wetterdaten sagen eine Dürre voraus, die in einem Teil Afrikas zu einer Hungersnot führen könnte) – diese Vermutung (den sog. *Hunch*) und die entsprechenden Daten postet, auf denen diese Vorhersage basiert, und Andere sich mit neuen Analysen und Daten dazu äußern können. Diese suggestiven Hypothesen bezeichnet man auch als „digitale Rauchzeichen".[9] Ein Ziel ist es herauszufinden, inwiefern konkrete Analysen und Maßnahmen auf der Basis dieser Vermutung sinnvoll sind. Die Tatsache, dass die Vereinten Nationen ein System zur Verbreitung von datengesteuerten Vermutungen eingeführt hat, ist eine grundlegende Veränderung in der Unternehmenskultur dieser Organisation.

Unabhängig davon, ob Analyse- und Entscheidungsprozesse gesellschaftlicher oder individueller Natur sind, sollten Unternehmen aufgrund des kontinuierlichen Datenflusses von Big Data neue Wege finden, um Entscheidungen auf Basis dieser Ressource treffen zu können. Wenn es sich lohnt, in die Erfassung und Analyse von Big Data zu investieren, dann lohnt es sich auch darüber nachzudenken, inwieweit die Ergebnisse der Analyse Auswirkungen auf Entscheidungen und Maßnahmen innerhalb des Unternehmens haben.

Neue Managementausrichtung durch Big Data

Big Data verändert nicht nur die Technologie und Managementprozesse, sondern wirkt sich auch auf die grundlegende Ausrichtung eines Unternehmens und seiner Kultur aus. Mit dieser neuen Ressource müssen wir zudem unseren Blickwinkel auf betriebswirtschaftliche Abläufe ändern.

So sollten wir uns beispielsweise stärker in Richtung Datenerkennung und Experimentierfreudigkeit mit Daten orientieren.[10] Bis heute liegt der Fokus von Organisationen darauf, Prozesse wie Marketing, Sales und Service stabil zu automatisieren. Mithilfe traditioneller Analysen werden Prozesse dargestellt und optimiert, das Management auf dem Laufenden gehalten und auf Unregelmäßigkeiten aufmerksam gemacht („Exception Reporting", d.h. Abweichungen vom Soll-Zustand gelten als Schlüsselaspekt der Business Intelligence). Die Unternehmens- und Technologie-Architektur spiegelt diesen Ansatz wider. Organisationen überprüfen ihre Performance, planen Verbesserungen und implementieren diese im Rahmen von Technologieprojekten im Laufe von Monaten und Jahren.

Big Data stellt dieses Konzept jedoch auf den Kopf! Der Grundsatz ist, dass sich die Welt – und die Daten, die sie beschreiben – im ständigen Wandel befindet und nur die Organisationen die Oberhand behalten, die dies erkennen und sich schnell darauf einstellen können. Die Geschäfts- und IT-Fähigkeiten, auf die es ankommt, sind Erkenntnisse und Agilität statt Stabilität. Datenwissenschaftler, die mit Big Data-Tools und -Technologien arbeiten, werden in einem bis dato ungekannten Ausmaß und Tempo kontinuierlich neue und bestehende Datenquellen anzapfen auf der Suche nach Mustern, Ereignissen und Möglichkeiten.

Diese Idee lässt sich relativ unkompliziert in kleinen Start-ups realisieren; häufig ist sie aber auch in den von mir untersuchten Unternehmen zu finden (siehe Kapitel 7). Nichtsdestotrotz sind grundlegende Veränderungen in den Einstellungen und Aktivitäten bzgl. der IT großer Organisationen notwendig. Es ist heute nicht ungewöhnlich, dass ein Analyst 75 bis 80 % seiner Zeit damit verbringt, Daten zur Analyse zu erfassen, zu bereinigen und vorzubereiten. Dies gilt sowohl für Unternehmen als auch Regierungsorganisationen. Carey Schwartz, Leiter der strategischen Initiative „Daten für Entscheidungen" im Pentagon, ist überzeugt davon, dass die Datenmengen von Sensoren der nächsten Generation und die Komplexität integrierter Systeme die Fähigkeit von Analysten, diese Daten zu verarbeiten, bei weitem übersteigen wird, wenn wir keine drastischen Veränderungen vornehmen.[11]

Mit dieser Sorge liegen das Pentagon und Carey Schwartz absolut richtig. Wie viele Unternehmen erfasst auch das Militär Daten viel schneller, als es diese zu analysieren vermag. Die vom US-Militär derzeit bevorzugte Drohne schießt beispielsweise nicht nur Raketen auf Terroristen, sondern macht auch Videoaufnahmen des Gebietes, über das sie fliegt. Diese Videodaten könnten sehr nützlich für die Streitkräfte sein, aber nur, wenn man sie analysieren würde. Aber offensichtlich gibt es nicht genügend Analysten, um all diese Videodaten zu bearbeiten. Schon 2012 beklagte der Staatssekretär des US-amerikanischen Department of the Air Force Michael Donley, dass deren Analysten wohl Jahre brauchen würden, um alle Videodaten von Drohneneinsätzen zu analysieren. Die Air Force scheint derzeit an neuen Möglichkeiten zu arbeiten, um den Faktor „Mensch" bei der Analyse von Daten zu reduzieren.[12]

Im Pentagon kümmert sich Schwartz darum, Analysten mithilfe von Big Data hundertmal produktiver zu machen. Dabei betont er, dass „funktionierende Analyselösungen" benötigt werden, die zuverlässig und aussagekräftig sind und automatisiert werden können. Analytics, Algorithmen und Benutzerschnittstellen müssen miteinander kombiniert werden, um neue Methoden für die Interaktion von Mensch und Maschine, dem sog. „Human-in-the-loop", zu schaffen. Möglicherweise liegt dieser Trend in Richtung Automatisierung teilweise auch darin begründet, dass mindestens ein „Human-in-the-loop" im Geheimdienst, nämlich Edward Snowden, militärische und Geheimdienst-Daten genutzt hat, um das zu werden, was Michael Hayden, der ehemalige Direktor der CIA und des US-Geheimdienstes NSA, „den teuersten Verräter amerikanischer Geheimnisse in der Geschichte der Republik" nannte.[13]

Ein Bestandteil der Big Data-Architektur ist die Betrachtungsweise von Datenerkennung und Analyse als oberster Tagesordnungspunkt. Datenwissenschaftler (und jeder andere Unternehmensanalytiker) benötigen permanenten Zugriff auf eine Analyseplattform oder *Sandbox* (ein Begriff, der den erkennungsorientierten Aspekt von Big Data beschreibt), die ihnen hinreichende Einblicke in das Unternehmen und externe Daten liefert. Diese Plattform muss die Integration neuer Daten, Ad-hoc-Abfragen und Visualisierung vereinfachen, um unser Wissen voranzutreiben. Die aus dieser Plattform generierten wertvollen Erkenntnisse bilden die Grundlage für Veränderungen der Produktionssysteme und -prozesse.

Unternehmen benötigen außerdem neue Methoden zur erkenntnis- und datenbasierten Produktentwicklung. Traditionelle Wasserfallmodelle, bei denen klar strukturiert vorgegangen wird und am Ende eines langen Prozesses ein Ergebnis steht, weichen zunehmend schnelleren und flexibleren *agilen* Vorgehensweisen. Bei agilen Ansätzen wird relativ wenig Zeit damit verbracht, ein System im Voraus zu spezifizieren. Hier geht es vielmehr darum, zügig kleinere Ergebnisse zu erarbeiten. Sie lassen sich daher auch für Analytics und Big Data anwenden. Statt unpräziser, langsamer Erfassung der Anforderungen für ein neues analytisches System oder einen Prozess heißen die Schlagworte jetzt iterative Versuche, Erkenntnisse und Validierung.

Natürlich besteht die IT-Welt nicht nur aus neuen Entdeckungen. Der größte Wert einer Erkenntnis besteht normalerweise darin, dass sie sich für Produktionsprozesse und -systeme nutzen lässt. Sobald eine Erkenntnis aus Daten abgeleitet wurde, muss diese in eine der folgenden Kategorien eingeordnet werden: „Irrelevant für das Geschäft", „interessant, aber nicht nützlich" oder „relevant, sollte umgesetzt werden". Das gilt auch in der Big Data-Welt: Wenn ein neues Produkt oder eine Funktion auf der Basis einer Big Data-Analyse entwickelt wurde, muss diese gleichermaßen umgesetzt oder verworfen bzw. ihre Umsetzung zu einem späteren Zeitpunkt in Erwägung gezogen werden.

Das HunchWorks-Beispiel der Vereinten Nationen macht einen weiteren Aspekt von Big Data deutlich, der Auswirkungen auf unser Denken über Geschäftsprozesse haben wird. HunchWorks wird auch beschrieben als „ein Mechanismus, mit dem man die Membranen zwischen Wissensspeichern innerhalb und außerhalb der Vereinten Nationen durchlässiger machen kann". Es zeigt sich nämlich, dass sich die größten Datenmengen in der Regel außerhalb der Organisation befinden, die sie verwendet. Unabhängig davon, ob man Internetdaten, menschliche Genomdaten, Social Media-Daten, das „Internet der Dinge" oder sonstige Quellen aufruft, so ist es recht unwahrscheinlich, dass diese aus den IT-Systemen des eigenen Unternehmens stammen. Ausnahmen, auf die ich in Kapitel 2 näher eingehen werde, sind mit großer Wahrscheinlichkeit Unternehmen der Telekommunikations- und Finanzbranche, die große Mengen an intern erzeugten Daten analysieren können. Aber selbst in diesen Branchen können interne häufig auch durch externe Daten ergänzt werden.

Dies stellt eine grundlegende Veränderung in der Ausrichtung von Unternehmen dar. Peter Drucker kommentierte 1998, dass die meisten Informationssysteme auf Daten des internen Rechnungswesens fokussiert wären und „eine degenerative Tendenz des Managements insbesondere in großen Unternehmen verschärft haben: Den Fokus nach innen auf Kosten und Aufwendungen statt nach außen auf Möglichkeiten, Veränderungen und Bedrohungen zu richten ... Je mehr interne Informationen die oberste Führungsebene erhält, umso mehr muss sie diese ins Gleichgewicht mit externen Informationen bringen – und das passiert derzeit nicht."[14]

Big Data öffnet den Blick nach außen. Christopher Ahlberg, CEO des Big Data-Start-ups Recorded Future formuliert es so: „Es scheint, als hätten wir bereits den ganzen Saft aus internen Informationen herausgepresst. Vielleicht sollten wir uns jetzt auf die große weite Welt von externen Informationen konzentrieren."[15] Meiner Meinung nach enthalten interne Quellen zwar immer noch etwas Saft, aber außerhalb eines Unternehmens lassen sich sicherlich mehr Informationen finden als in ihm.

Um externe Daten in Entscheidungen, Produkte und Dienstleistungen einfließen zu lassen, müssen viele Manager ihre Denkweise und Gewohnheiten ändern. Sie müssen regelmäßig externe Datenquellen durchsuchen, die Verfügbarkeit von Daten überprüfen und entscheiden, inwieweit diese nützlich für ihre Organisation sein könnten. Sie müssen ihren Blick also einfach mehr nach außen richten – auf Lieferanten und deren Lieferanten, Kunden und deren Kunden sowie auf geschäftliche und politische Risiken. Und sie müssen systematische Kriterien entwickeln, um entscheiden zu können, in welchen Fällen externe Daten als signifikant einzuordnen sind und entsprechend gehandelt werden muss.

Neue Möglichkeiten durch Big Data

Natürlich muss Big Data neue Geschäftsmöglichkeiten bieten, wenn es Unternehmen einen entscheidenden Schritt voranbringen soll. Sich darüber auszulassen, wie viele Daten es in Facebook oder Twitter gibt, oder wie viele Gigabyte in einem einzigen menschlichen Genom enthalten sind, hilft Führungskräften nicht wirklich zu beurteilen, wie viel Wert sich durch die Nutzung von Big Data für ihr Unternehmen erzielen lässt.

Es gibt drei Wertkategorien: Kosteneinsparungen, Entscheidungsverbesserungen und Verbesserungen von Produkten und Dienstleistungen. Die Möglichkeiten zur Kosteneinsparung durch die Big Data-Technologie werde ich zu einem späteren Zeitpunkt in diesem Buch erläutern. Es sei an dieser Stelle lediglich erwähnt, dass hier beträchtliche Einsparungen möglich sind. Auf der Entscheidungsseite leitet sich der primäre Wert von Big Data durch die Ergänzung der Erklärungs- und Vorhersagemodelle durch neue Datenquellen ab. Viele Big Data-Fans argumentieren, dass sich ein größerer Wert durch die Ergänzung eines Modells mit neuen Datenquellen erzielen lässt, als durch die Verfeinerung des Modells selbst. So hat Anand Rajaram von @WalMartLabs, der auch Vorlesungen in Stanford hält, im Rahmen des Netflix-Preises – dem Wettbewerb, bei dem man Verbesserungsvorschläge für das Empfehlungssystem für Kunden machen und eine Million USD gewinnen kann – ein Quasi-Experiment mit den Studierenden eines seiner Kurse gemacht.[16] Eine der Gruppen in Rajaram's Kurs verwendete die von Netflix zur Verfügung gestellten Daten und wandte komplexe Algorithmen darauf an. Eine zweite Gruppe ergänzte die Daten (nach den Wettbewerbsrichtlinien unzulässig) mit Informationen zum Filmgenre aus der Internet Movie Database (IMD). Die Vorhersagen der zweiten Gruppe waren wesentlich erfolgreicher. Rajaram führt den Erfolg von Google im Vergleich zu früheren Suchmaschinen größtenteils auf die Verwendung zusätzlicher Hyperlinkdaten zurück. Peter Norvig, Forschungsdirektor von Google, formuliert es so: „Wir haben keine besseren Algorithmen. Wir haben nur einfach mehr Daten."[17]

In Unternehmen lassen sich Entscheidungen unterschiedlicher Art ebenfalls mithilfe von Big Data verbessern. Wenn Sie aufgrund bestimmter Daten (getätigte bzw. nicht getätigte Käufe) Abwanderungstendenzen von Kunden feststellen, können Sie diesen entgegenwirken, indem Sie Daten aus deren Kundenkonto ergänzen. Wenn Sie mit einem Modell arbeiten, das das „nächste beste Angebot" vorhersagt, das bestimmte Kunden aufgrund ihrer Bestellhistorie und demographischen Daten wahrscheinlich kaufen werden, können Sie hier Verbesserungen erzielen, indem Sie einige Kommentare und Likes der Kunden auf Social Media-Seiten analysieren. Manche dieser zusätzlichen Daten sind vielleicht eher *big* oder unstrukturiert, andere hingegen eher klein und strukturiert. Der Schlüssel zum

Erfolg liegt darin, aufmerksam nach neuen Datenquellen zu suchen, die Ihnen helfen, Entscheidungen zu treffen.

Ansprechende Produkte und Dienstleistungen für Ihre Kunden zu entwickeln, ist eine weitere Möglichkeit, die Ihnen Big Data bietet. Mit konventioneller Business Intelligence und Analytics werden Sie diesen Nutzen nicht generieren. Grundsätzlich, und insbesondere bei datenbasierten Produkten und Dienstleistungen, steckt Big Data zwar noch in den Kinderschuhen, aber es gibt bereits viele Beispiele für attraktive Produkte und Dienstleistungen, die sich aus Big Data ableiten lassen. In Kapitel 2 werden Sie mehr darüber erfahren; an dieser Stelle möchte ich nur drei Beispiele nennen, um Ihnen eine Vorstellung des enormen Potenzials zu verdeutlichen.

Die Rolle von Big Data und datenbasierten Produkten bei LinkedIn habe ich bereits angesprochen, aber ein spezielles Angebot hat dem Unternehmen einen echten Wert gebracht, und zwar die sogenannte *People You May Know* (PYMK)-Funktion. PYMK schlägt LinkedIn-Mitgliedern (also Kunden) andere Mitglieder vor, mit denen sie sich vielleicht verlinken möchten. PYMK verwendet dabei einen Multifaktor-Ansatz, um mögliche neue Verbindungen herzustellen, wie z. B. gemeinsame Schulen, Arbeitsstätten, geographische und sonstige Gemeinsamkeiten. Bei vielen Menschen löst diese Möglichkeit, längst vergessene Kontakte wiederzufinden, jedoch ein gewisses Unbehagen aus.

Die PYMK-Funktion brachte LinkedIn jedenfalls eine Menge neuer Kunden! Im Vergleich zu den anderen Aufforderungen, die LinkedIn versendet hat, um Menschen wieder auf seine Website zu locken, erzielten PYMK-Nachrichten 30 % mehr Click-throughs. Millionen von Menschen besuchten die Seite mehrfach, was sie sonst nicht getan hätten. Dank dieser einen Funktion setzte sich der Wachstumskurs von LinkedIn rasant fort. Der Wert der PYMK-Funktion wird auch dadurch deutlich, dass mittlerweile viele andere Social Media-Seiten, wie Facebook, Twitter, und Google+, ähnliche Funktionen eingeführt haben. Ich glaube jedoch, dass die Funktion von LinkedIn immer noch die effektivste ist.

Das Flugreservierungssystem Amadeus hat mit *Featured Results* ein Big Data-Serviceangebot entwickelt, um im Rahmen einer Flugsuche attraktive Flüge präsentieren zu können. Das Unternehmen sah sich mit einem zunehmenden Problem konfrontiert, nämlich der rasch ansteigenden Look-to-Book-Quote (dem Verhältnis von Online-Buchungen zur Anzahl aller Website-Besuche) bzw. der Anzahl von Anfragen pro Flugbuchung. Es musste eine Lösung für Reisevermittler finden, ihren Kunden attraktive Angebote machen zu können. Auf der Basis von Datenbanken aus Nutzeranfragen, „einigen Hundertmillionen" Online-Flugpreisen und einer halben Milliarde Reservierungseinträge schlägt Featured Results vier mögliche Reiserouten vor, die für Kunden besonders interessant sein könnten. Die ersten Ergebnisse eines Betatests bei Vayama, einem Reisebüropartner von Amadeus, deuten auf eine Steigerung von 16 % beim Verhältnis von Reservierungen zu Suchanfragen hin.

Viele Führungskräfte mögen zugeben, dass Big Data einen beträchtlichen Wert für Online-Unternehmen haben kann, sind sich jedoch nicht sicher, ob dies auch außerhalb dieser Branche der Fall ist. Die Pläne von GE, eines der weltweit erfolgreichsten Unternehmen und größter Befürworter von Big Data, überzeugen Sie vielleicht eines Besseren.

GE hat ein Büro in der San Francisco Bay Area gegründet, das sich mit Software- und Big Data-Themen beschäftigt, und derzeit eine Menge von Datenwissenschaftlern einstellt, die sich um die traditionell datenintensiven Geschäftsbereiche von GE kümmern, z. B. Capital (Finanzdienstleistungen) und Health Care (Gesundheitswesen). Aber wie stellt sich der Wert von Big Data für die Industrieanwendungen des Unternehmens dar, beispielsweise für die Geschäftsbereiche Lokomotiven, Triebwerke und Gasturbinen? GE bezeichnet die Produkte dieser Unternehmensbereiche manchmal als „Dinge, die sich drehen" (things that spin) und geht davon aus, dass die meisten in naher Zukunft in der Lage sein werden, Daten über ihre Drehbewegungen aufzuzeichnen und weiterzugeben.

Eine dieser „sich drehenden Maschinen" ist die Gasturbine, die die Kunden von GE zur Energieerzeugung verwenden. Schon heute überwacht das Unternehmen mehr als 1.500 Turbinen von einem Standort aus, sodass bereits ein Großteil der benötigten Infrastruktur existiert, um auch Big Data zur Leistungssteigerung einzusetzen.

Nach Schätzungen des Unternehmens kann die Effektivität der überwachten Turbinen durch Software- und Netzwerkoptimierung, bessere Disposition des Kundenservice und verbesserte Abstimmung des Gas-/Stromsystems um mindestens 1 % gesteigert werden. Das mag sich wenig anhören, aber über die nächsten 15 Jahre ließen sich damit Einsparungen von 66 Milliarden USD erzielen!

Heute verdient GE einen Großteil seines Geldes mit dem Kundendienst für Industrieprodukte. Wenn das Unternehmen also proprietäre Daten über die Arbeitsleistung dieser Produkte hätte, könnte es seinem Kunden im Störungsfall einen effektiveren Betriebsablauf ermöglichen und die Kosten und Effektivität seines Kundenservice optimieren. Stellen Sie sich vor, Sie würden eine Turbine für ein Kraftwerk kaufen, und Sie hätten die Wahl zwischen einer Turbine mit Big Data-Datenausgabe, kontinuierlicher Leistungsüberwachung und optimiertem Kundenservice auf Abruf und einer anderen Turbine ohne diese Funktionen. Welche würden Sie kaufen, und für welche wären Sie bereit, etwas mehr zu bezahlen?

Bei GE ist man zudem überzeugt davon, dass eine auf Big Data basierte Optimierung des Kundenservice auch für viele andere hochpreisige Industriegüter des Unternehmens sinnvoll ist, z. B. für Lokomotiven, Triebwerke und Geräte zur medizinischen Bildgebung. Selbstverständlich könnten andere Unternehmen in diesen Branchen die gleiche Strategie verfolgen, und eines Tages werden sie dies wahrscheinlich auch tun. Die Größe von GE, ehrgeizige Investitionsvorhaben sowie eine frühzeitige Auseinandersetzung mit Big Data bescheren dem Unternehmen aber sicherlich einen beträchtlichen Wettbewerbsvorteil.

Was wir (noch) nicht wissen

Noch steht nicht fest, ob Big Data hauptsächlich riesigen Unternehmen wie GE zugutekommt, und wie andere Unternehmen darauf reagieren werden. Ebenso wissen wir nicht, wie sich Branchen beispielsweise hinsichtlich Big Data-gesteuerter industrieller Produkte und Dienstleistungen entwickeln werden. Darüber hinaus gibt es eine Reihe anderer Fragen zu Big Data, auf die es in nächster Zeit keine konkreten Antworten geben wird. Dennoch sollten Unternehmen darüber nachdenken, auch um über eine geeignete Strategie zu verfügen und damit die Entwicklung nicht dem puren Zufall zu überlassen.

Wir wissen nicht, wie sich Big Data auf Organisationsstrukturen auswirken wird. Dennoch besteht Grund zur Annahme, dass die Verfügbarkeit von Big Data für die Arbeitsabläufe, Mitarbeiter und Kunden sowie die Geschäftsentwicklung besonders den Unternehmen zugutekommen wird, die ihre Ressourcen zur Datenerfassung und -analyse bündeln. Das können wir bereits bei Analyselösungen mit geringen Datenmengen beobachten; viele Organisationen haben zentral koordinierte Analysestrategien und -gruppen eingeführt. Die ersten Untersuchungsergebnisse aus großen Unternehmen, auf die ich in Kapitel 8 eingehen werde, deuten darauf hin, dass Big Data mit bestehenden Daten- und Analysegruppen kombiniert werden wird. Dies könnte sich jedoch im Laufe der nächsten Jahre noch ändern.

Zudem wissen wir noch nicht, inwiefern sich Big Data auf Kundenbeziehungen auswirken wird. Grundsätzlich vermittelt Big Data mehr Wissen über das Verhalten, die Vorlieben und Abneigungen von Kunden und ermöglicht somit eine gezieltere Werbung sowie auf Kundenpräferenzen abgestimmte Produkte und Dienstleistungen. Es gibt jedoch bereits Anhaltspunkte dafür, dass Kunden nicht noch mehr zielgruppenorientiertes Marketing wollen und äußerst misstrauisch sind, was Unternehmen mit ihren Daten machen. 68 % der amerikanischen Internetnutzer missbilligen zielgruppenorientierte Anzeigen basierend auf ihren individuellen Suchanfragen.[18] Trotz dieser Einwände scheinen sie aber oft bereit zu sein, eine beträchtliche Menge persönlicher Informationen für soziale Kontakte oder Rabatte preiszugeben. In der Europäischen Union wurden bereits umfangreiche regulatorische Maßnahmen ergriffen, um die Nutzung von Kundendaten durch Unternehmen einzuschränken. Derzeit sehe ich zwar keine ähnlichen Bestrebungen in den Vereinigten Staaten, aber die Unternehmen sollten unbedingt die Kundenstimmung im Auge behalten und bedenken, dass diese leicht umschlagen kann.

Wir wissen auch noch nicht, wie sich Big Data auf die Unternehmensführung auswirken wird. Big Data gibt uns die Möglichkeit, mehr datengesteuerte Entscheidungen zu treffen. Unternehmen werden zukünftig mehr über ihr Geschäftsumfeld erfahren und automatisierte Analyselösungen zur Unterstützung des menschlichen Entscheidungsprozesses nutzen können. Es steht allerdings noch nicht fest, in welcher Geschwindigkeit Manager diese neuen Konzepte annehmen werden. Die Geschichte spricht dafür, dass dies nur zögerlich passieren wird. Obwohl es Analysen von geringen Datenmengen schon seit Jahrzehnten gibt, treffen viele Manager immer noch Entscheidungen aus dem Bauch heraus. Außerdem werden machterhaltende Hierarchien in absehbarer Zeit sicher nicht aus den Unternehmen verschwinden. Erik Brynjolfsson und Andy McAfee berichten häufig über die nachlassende Bedeutung des „Hippo"-Prinzips (die Meinung des Höchstbezahlten zählt, *the highest-paid person's opinion*). Leider lässt sich dieses Phänomen nicht ausmerzen, obgleich dies sicherlich wünschenswert wäre.[19] Wenn man darauf setzt, dass Macht und Politik keine Rolle mehr bei der Entscheidungsfindung spielen, dann wird man zumindest kurzfristig sicher eine Enttäuschung erleben. Aus diesem Grund ist es wahrscheinlich sicherer, in Zukunft noch mehr auf datengesteuertes Management zu bauen.

Was erwartet Sie noch in diesem Buch?

Zum Schluss dieses Kapitels möchte ich nochmals darauf hinweisen, dass Big Data bedeutende Möglichkeiten und Auswirkungen mit sich bringt, wir aber noch nicht wissen, wie Unternehmen und Industriezweige davon betroffen sein werden. Was erwartet Sie in den folgenden Kapiteln?

In Kapitel 2 beschreibe ich verschiedene Szenarien, wie Unternehmen derzeit und in Zukunft mit Big Data in wichtigen Branchen und Funktionen umgehen, damit Sie besser nachvollziehen können, welchen Wandel diese neue Ressource mit sich bringt.

Kapitel 3 beschäftigt sich mit der Entwicklung einer Big Data-Strategie, sodass Sie entscheiden können, welche Unternehmensziele Sie mit dieser Ressource erreichen können – ob Sie eher den Weg der Datenerkennung oder den der Integration von Big Data in die Produktionsanwendungen verfolgen, und wie schnell Sie Big Data-Möglichkeiten nutzen sollten.

In Kapitel 4 spreche ich über die wesentliche Herausforderung rund um Big Data – dem Faktor Mensch – und welche Kompetenzen ein Datenwissenschaftler haben muss. Zudem erläutere ich, wie Big Data das Verhalten des Managements verändern wird.

Wenn Ihnen häufig Begriffe wie „Hadoop" oder „MapReduce" begegnen und Sie nicht viel damit anfangen können, dann springen Sie direkt zu Kapitel 5. Hier finden Sie einen Leitfaden für Manager zur Big Data-Technologie. Es behandelt nicht nur die technische Infrastruktur zur Verwaltung von Big Data, sondern auch analytische Konzepte, die für die Big Data-Umgebung nützlich sind, wie maschinelles Lernen und visuelle Datenanalyse.

Kapitel 6 wirft einen umfangreichen Blick darauf, was Organisationen neben kompetenten Mitarbeitern und neuer Technologie benötigen, um mit Big Data erfolgreich zu sein. Wenn Sie mein Buch *Analytics at Work* gelesen haben, das ich mit Jeanne G. Harris und Robert Morison geschrieben habe, ist Ihnen das DELTA-Modell ein Begriff. Dieses Modell wende ich im sechsten Kapitel auf Big Data an (ich verwende dieses Modell mit geringfügigen Änderungen auch im Rahmen einer Big Data-Potenzialanalyse im Anhang).

Die letzten beiden Kapitel beschäftigen sich dann damit, was Big Data für Unternehmen und Organisationen unterschiedlicher Größe und Alter bedeutet. In Kapitel 7 wird aufgezeigt, welche Erkenntnisse wir von Start-up- und Online-Unternehmen ableiten können. In Kapitel 8 geht es darum, wie große, etablierte Unternehmen mit Big Data arbeiten. In diesem Kapitel stelle ich Ihnen eine Idee vor, die ich als „Analytics 3.0" bezeichne; sie beschreibt, wie Unternehmen die Vorteile von kleinen Datenmengen und traditionellen Analyselösungen mit dem Big Data-Konzept verbinden können.

Nachdem Sie alle Kapitel gelesen haben, werden Sie ein umfassendes Verständnis davon haben, wie Sie Big Data effektiv für Ihr Unternehmen nutzen können. Am Ende der einzelnen Kapitel finden Sie maßnahmenorientierte Fragen, die Sie und Ihr Management-Team beantworten sollten, damit Sie diese leistungsstarke Ressource effektiv nutzen können. Im Verlauf des Buches werde ich keine Spekulationen abgeben, sondern Ihnen konkrete Perspektiven eröffnen, wie Sie Big Data effektiv umsetzen. Und wie gesagt: Es ist nicht entscheidend, wie groß die Datenmenge Ihres Unternehmens ist, sondern wie Sie diese nutzen!

AKTIONSPLAN FÜR MANAGER

Wie wichtig ist Big Data für Sie und Ihr Unternehmen?

- Hat sich Ihr Management-Team schon mit den neuen Datenarten auseinandergesetzt, die in den nächsten Jahren Auswirkungen auf Ihr Unternehmen und die gesamte Branche haben werden?
- Haben Sie schon mit Anderen darüber gesprochen, was der Begriff Big Data bedeutet, und inwiefern er den Umgang Ihres Unternehmens mit Daten und Analytics treffend beschreibt?
- Haben Sie bereits damit begonnen, Ihre Entscheidungsprozesse mehr auf kontinuierlich anfallende Daten zu gründen?
- Verfügt Ihr Unternehmen über schnelle und flexible Konzepte, um wichtige Daten und Analysen auszuwerten und geeignete Maßnahmen zu ergreifen?
- Nutzen Sie schon externe Informationsquellen für Ihr Geschäft?
- Haben Sie schon auf Big Data gewettet?

2

Wie Big Data Ihre Arbeit, Ihr Unternehmen und Ihre Branche verändern wird

Big Data ist so weitreichend, dass es uns schwer fällt, alle Auswirkungen auf ein Unternehmen und eine Branche vorzustellen. Aus diesem Grund möchte ich einige Zukunftsszenarien beschreiben, wie Big Data einen Wandel für Unternehmen oder ganze Branchen herbeiführen kann. Mit großer Wahrscheinlichkeit wird sich auch die Art der Arbeit in vielen Positionen verändern. Obwohl alle Technologien, die man für die Umsetzung dieser Szenarien benötigt, bereits heute verfügbar sind, gehe ich davon aus, dass es noch einige Jahre dauern wird, bis sie in den Unternehmen auch tatsächlich implementiert werden. Die Herausforderung liegt dabei eher in der Systemintegration – Datenstandards zu entwickeln und die benötigten Daten zusammenzutragen – und darin, Veränderungen im Unternehmen anzustoßen, statt nur eine neue Technologie einzuführen. Falls Sie gerne über die Zukunft spekulieren, mögen Sie diese Szenarien vermutlich. Wenn Sie eher an der Gegenwart festhalten, überfliegen Sie rasch meine Ideen und gehen direkt zu meiner Beurteilung der Rolle von Big Data in wichtigen Branchen und Unternehmensfunktionen.

Ich bin zuversichtlich, dass Big Data zahlreiche Unternehmen und Branchen umgestalten wird. In folgenden Industriesektoren könnten grundlegende Veränderungen anstehen:

- Branchen, die Dinge bewegen;
- Branchen, die an Kunden verkaufen;
- Branchen, die mit Maschinen arbeiten;
- Branchen, die Inhalte verkaufen oder verwenden;
- Branchen, die Dienstleistungen erbringen;
- Branchen, die über physische Einrichtungen verfügen;
- Branchen, die mit Geld umgehen.

Ich habe zwar keine systematische Einteilung vorgenommen, gehe aber davon aus, dass praktisch alle Branchen in dieser Liste zu finden sind! Die detaillierten Szenarien sowie Branchen- und Funktionsanalysen im Rest des Kapitels sollen dies untermauern.

Vier Zukunftsszenarien

In diesem Abschnitt beschreibe ich vier Szenarien, wie Big Data zukünftig in verschiedenen Branchen genutzt wird. Diese mögen vielleicht etwas weit hergeholt erscheinen, aber viele der beschriebenen Big Data-Innovationen gibt es bereits.

Ein Big Data-Szenario für Geschäftsreisen

Lynda Peters, IT-Architektin bei der Versicherung Tranquilife, besucht im März 2016 eine Konferenz zum Thema „Massive Data und ihre Auswirkungen auf die Versicherungsbranche". Das ist ein beliebtes Thema, und beinahe hätte sie keine Genehmigung bekommen, an der Konferenz teilzunehmen, da sich laut Mitarbeiter-Aktivitätssystem von Tranquilife bereits sechs Kollegen für diese

Konferenz angemeldet haben. Sie konnte ihren Chef aber schließlich davon überzeugen, dass auch sie daran teilnehmen muss.

Nachdem sie sich für die Konferenz angemeldet hat, werden alle logistischen Informationen wie Stadt, Hotel, Beginn und Ende der Konferenz automatisch in ihre Terminplanung und an das Travel Management System von Tranquilife übertragen. Das Travel Management System verbindet sich mit dem Zeitplan und den Details der Konferenz und übernimmt die Reiseplanung für Lynda. Ohne selbst aktiv zu werden, erhält sie einen vorgeschlagenen Reiseplan mit folgenden Informationen:

- Flug mit ihrer bevorzugten Fluggesellschaft, einschließlich Vielflieger-Upgrade und Sitzplatzreservierung am Gang
- Hotelreservierung für alle Nächte der Konferenz
- Reservierung für einen selbst-fahrenden Mietwagen am Flughafen (das Konferenzhotel liegt ungefähr 65 km vom Flughafen entfernt, und das Travel Management System hat die Kosten für Taxi, Limousine und Mietwagen für diese Entfernung verglichen und herausgefunden, dass der Mietwagen die günstigste Option ist)
- Reservierung beim besten Italiener der Stadt – Lynda mag italienisches Essen besonders gern – für den „freien" Abend der Konferenz, inklusive dreier Vorschläge (und dreier Alternativen) für eine Restaurantbegleitung aus ihrem sozialen Netzwerk (Menschen, die sie gerne mag und die ebenfalls an der Konferenz teilnehmen). Lynda kann sie über ihr Tablet mit nur einem Klick einladen.

Der selbst-fahrende Mietwagen bringt Lynda automatisch zum Konferenzhotel, da das Travel Management System bereits die Zieladresse eingelesen, das Auto auf ihre bevorzugte Innentemperatur und über Satellit ihren Lieblings-Radiosender eingestellt hat. Das einzige, das Lynda bei ihrem Mietwagen zu bemängeln hat, ist, dass sie aufgrund der antiquierten Vorschriften auf dem Fahrersitz Platz nehmen muss, was die Bedienung ihres Tablets erschwert. Sie ärgert sich außerdem darüber, dass es gesetzlich verboten ist, während der Fahrt einen Film zu schauen. Sie geht aber davon aus, dass sich das bald ändern wird.

Auf dem Weg zur Konferenz erfährt Lynda über ihr Tablet, dass ihr die Organisatoren einige Vorträge aufgrund ihrer Lernpräferenzen und Einträge in ihrem geschäftlichen Netzwerkprofil zu früheren Vorträgen, an denen sie teilgenommen hat, empfehlen. Zudem meldet das System, dass ihre Restaurantbegleitung nicht an der Konferenz teilnimmt, sodass das Travel Management System vorschlägt, die erste Alternative einzuladen.

Lynda gefällt die Konferenz sehr gut. Die Daten zu den besuchten Vorträgen (bestätigt durch die Ortungs-App ihres Smartphones) werden bereits vor ihrer Abreise ihrem geschäftlichen Netzwerkprofil und der HR-Datenbank von Tranquilife hinzugefügt. Der Besuch einiger Vorträge bringt sie sogar ihrem Wunschgehalt einen Schritt näher. Nach ihrer Rückkehr erhält sie eine E-Mail vom Travel Management System, dass die Reisekosten – einschließlich geschätztem Trinkgeld im Hotel – zur Erstattung an ihre Firma weitergeleitet wurden. Die automatisch transkribierten und mit ihren Kommentaren versehenen Texte und Folien aller Präsentationen, die Lynda als für ihr Unternehmen relevant eingestuft hat, wurden bereits in den persönlichen Benutzerportalen aller Mitarbeiter hinterlegt, die ihr Interesse für das Thema *Massive Data* bekundet haben. Aus ihren Aufzeichnungen ergibt sich, dass die Versicherungsbranche nach Massive Data nicht mehr dieselbe sein wird.

(*Hinweis für Skeptiker:* Obwohl es die meisten dieser automatisierten Reisefunktionen noch nicht gibt, haben mir Spezialisten bestätigt, dass sie schon bald realisierbar sind. Und wir wissen, dass es selbst-fahrende Autos bereits heute gibt (Google bezeichnet sie als Big Data-Projekt), und dass man sie wahrscheinlich irgendwie in unser Transportsystem integrieren wird.

Ein Big Data-Szenario für das Energiemanagement

David Byron ist Gebäude- und Energietechniker bei Bathworks, einem großen US-amerikanischen Hersteller von Installationszubehör. Er ist verantwortlich für die Gebäude- und Energieverwaltung aller 20 Bürogebäude des Unternehmens. Seit langem bemüht sich Bathworks, den Energieverbrauch mit verschiedenen Maßnahmen zu senken, ohne den Arbeitskomfort seiner Mitarbeiter zu beeinträchtigen oder das Gesellschaftsvermögen anzutasten.

Ein wesentlicher Aspekt des Energiemanagements betrifft den Fuhrpark des Unternehmens. Alle Firmenfahrzeuge (manuelle sowie selbst-fahrende PKW) sind über ein drahtloses Netzwerk miteinander verbunden. So weiß Byron zu jeder Zeit, wo sich welches Fahrzeug befindet, welche Entfernungen es heute oder insgesamt zurückgelegt hat und welche Durchschnitts- und Spitzengeschwindigkeiten erreicht wurden. Zudem kann er Beschleunigungs- und Bremsmuster erkennen. Fahrer, die durch ihre Fahrweise Energie verschwenden oder sich selbst bzw. das Fahrzeug einer Gefahr aussetzen, werden per E-Mail und SMS darauf hingewiesen. Für manche Mitarbeiter greift diese Überwachung in die Privatsphäre ein, und sie fahren kein Firmenwagen mehr. Die meisten Mitarbeiter haben sich allerdings daran gewöhnt, auch die Führungskräfte.

Außerdem überwachen Byron und seine Mitarbeiter den Energieverbrauch der Heizungs-, Lüftungs- und Klimaanlagen des Unternehmens. Sie könnten jederzeit abrufen, welche Temperatur, Feuchtigkeit oder Beleuchtungspegel in den einzelnen Räumen der Gebäude herrschen und wo sich derzeit Mitarbeiter aufhalten; insgesamt werden mehr als 23.000 Räume überwacht. Vom zentralen Klimakontrollzentrum aus kann die Temperatur erhöht bzw. gesenkt sowie die Fenster und Jalousien geöffnet oder geschlossen werden. Es kann festgestellt werden, ob ein Büro, ein Flur oder ein ganzes Gebäude derzeit belegt oder ob ein Regler in einer Lüftungsanlage defekt ist. Anhand von Prognosemodellen wird ermittelt, wann man die Temperatur in einem Gebäude im Sommer am besten erhöht und wann man im Winter die Heizung anstellt. Durch die mikrogesteuerte klimatische Umgebung hat Bathworks bereits mehr als 20 % seines Energieverbrauchs für Heizung und Belüftung einsparen können.

Byron hat außerdem eine Fernsteuerung für einige weniger wichtige Geräte eingeführt, um den Verbrauch zu besonders teuren Tageszeiten und im Jahresverlauf zu senken. Der Energieverbrauch von Kopierern, Druckern und Verkaufsautomaten kann so bei Bedarf reduziert werden. Das Unternehmen verfügt auch über eine Aufladestation für Elektrofahrzeuge, und der Ladestrom kann bei Versorgungsengpässen oder hohen Energiekosten heruntergefahren werden.

Alle Systeme hat das Team von Byron in einem Gebäude hinter der Firmenzentrale untergebracht. Es erinnert an das Holodeck des

Raumschiffes *Enterprise*, Captain Kirk und Mr. Spock müssen jedoch nur selten eingreifen, da die meisten Systeme voll automatisiert ablaufen. Besuchern erklärt Byron gerne, dass die Firma quasi ein Analysenetz (*analytical blanket*) über diverse Gebäudeverwaltungsysteme gelegt hat.

Darüber hinaus beschäftigt sich Byron auch mit anderen Grenzen des Energiemanagements, die jedoch umfangreiche Investitionen in Technologien zur Energieerzeugung erforderlich machen. Er hat bereits einen Plan zur Installation einer Solar- und Windkraftanlage zur Energieerzeugung auf den meisten Dächern der Firmengebäude entwickelt. Die Leistungsfähigkeit dieser Anlage könnte auf der Basis der verfügbaren Wind- oder Sonnenenergie, Tageszeit und unterschiedlichen Energiekosten optimiert werden. Weitere Big Data-Energiemaßnahmen ließen sich recht kostengünstig realisieren, aber obwohl Byron begeistert davon ist, müsste Bathworks zunächst eine recht hohe Summe investieren, um schließlich bei der Energiegewinnung Kosten einsparen zu können.

(*Hinweis für Skeptiker:* Nachdem ich mir dieses Zukunftsszenario ausgedacht hatte, stellte ich fest, dass es gar nicht so weit von aktuellen Entwicklungen führender Unternehmen abweicht. Besonders Microsoft hat eine Liste mit ähnlichen Aktivitäten auf seinem Firmengelände veröffentlicht. Tatsächlich stammt der Begriff *analytical blanket* aus diesem Dokument.[1])

Ein Big Data-Szenario zur Videoanalyse im Einzelhandel

Latitia Harris ist Marketingleiterin bei Pettopia, einer Fachmarktkette für Heimtierbedarf mit mehr als 220 Filialen in Nordamerika. Seit vielen Jahren macht sie sich Gedanken darüber, ob Pettopia nicht einen Wettbewerbsnachteil gegenüber Online-Anbietern haben könnte, da diese ihre Käufer und deren Kaufverhalten genau kennen. Pettopia bietet zwar ein Treueprogramm an, aber da viele Kunden hierfür nicht angemeldet sind, kann das Unternehmen seine Kunden nur über ihre Kreditkarten identifizieren. Zudem gibt es ein ernstzunehmendes Problem mit Ladendiebstählen, da Kunden ihren Tieren häufig aus der Selbstbedienungstheke Leckerlis geben, ohne dafür zu bezahlen.

Harris geht davon aus, dass sich dieses Problem durch eine Videoanalyse lösen lässt und Pettopia so mit Online-Anbietern gleichziehen oder vielleicht sogar einen Vorteil daraus generieren könnte. Aus diesem Grund hat sie in allen Filialen Videokameras installieren lassen und ein Video-Analysesystem eingeführt. Dieses System war nötig, da die Datenmengen aus den Videos viel größer sind, als die Mitarbeiter je sichten könnten. Außerdem ist Harris bei manchen Anwendungen eine schnelle Reaktion des Unternehmens wichtig.

Als eine der ersten Anwendungen wird ein einfacher Besucherzähler bei Pettopia eingeführt, sodass Harris die Besucherzahl mit den Verkäufen in Relation setzen und den Konversionsgrad berechnen kann. Anhand dieser Informationen lässt sich ableiten, welche Mitarbeiter die Kunden am besten zum Kauf motivieren; zudem kann man die Personalstärke in den Filialen zu unterschiedlichen Zeiten darauf anpassen. Mit einer kleinen Systemerweiterung ließe sich dann noch analysieren, wie häufig die Mitarbeiter den Kunden, die im Geschäft nach etwas suchen, Hilfe anbieten.

Das ist jedoch erst der Anfang! Die nächste Anwendung ist komplexer; mit ihr können Kunden oder deren Haustiere, die das Geschäft betreten, identifiziert werden. Anhand der Übereinstimmungen der Videobilder mit Treuekarten, Kreditkarten, Scheckdaten und dem abgefragten Namen des Haustieres beim Verlassen des Geschäfts kann Pettopia 90 % der Kunden und 60 % der Haustiere identifizieren. Harris macht die Erfahrung, dass die Kunden es zwar etwas unheimlich finden, von den Mitarbeitern mit ihrem Namen angesprochen zu werden, es aber bei ihren Haustieren begrüßen. Daher werden auf den mobilen Geräten der Mitarbeiter sowohl der Name des Kunden als auch der des Haustieres angezeigt, sobald beide das Geschäft betreten.

Zudem hat Harris die Entwicklung einer Anwendung vorangetrieben, mit der man feststellt, welche Produkte der Kunde im Geschäft angesehen aber nicht gekauft hat. Verfügt man über die E-Mail-Adresse des Kunden, dann kann man ihm dieses Produkt bei seinem nächsten Besuch oder einer Online-Bestellung mit einem Nachlass anbieten. Durch diese Maßnahme hat sich die Konversionsrate deutlich erhöht. Zusätzliche Erlöse konnte Pettopia durch den Verkauf von Informationen an Hersteller erzielen, z. B. welche Kunden sich für sein Display interessierten.

Die jüngste Maßnahme der Videoanalyse soll das Diebstahlproblem an der Selbstbedienungstheke beseitigen. Die Videoanlage von Pettopia kann auch erfassen, wie viele Leckerlis aus der Theke entnommen wurden und die Anzahl an die Kasse weitergeben, sobald der Kunde bezahlen möchte. Hat er seinem Tier nur ein paar Leckerlis gegeben, dann sollen die Mitarbeiter an der Kasse beim ersten Mal nichts sagen und beim zweiten Mal lediglich anmerken: „Ihrem Hund scheinen unsere Leckerlis wirklich gut zu schmecken." Bei jedem weiteren Vorfall erwähnt der Mitarbeiter an der Kasse „Plus vier Leckerlis aus der Selbstbedienungstheke, richtig?" und rechnet den entsprechenden Betrag ab. Manche Kunden sind zwar überrascht, aber die Einnahmen für Leckerlis sind dadurch um 5 % gestiegen.

Harris hat weitere Videoanalyseanwendungen getestet, beispielsweise eine Anwendung, die anzeigt, ob ein Haustier gebürstet werden muss, und eine andere, die schlecht erzogenen Haustieren aufgrund ihres Verhaltens im Geschäft einen Nachlass für ein Trainingsprogramm anbietet. Sie ist überzeugt davon, dass mit Big Data-Analysen von Videodaten weitaus mehr möglich ist.

(*Hinweis für Skeptiker:* Videoanalysen werden immer leistungsfähiger und könnten sicher die meisten dieser Aufgaben durchführen, die ich in diesem Szenario beschrieben habe.[2] Die Gesichtserkennung von Menschen ist bereits weit fortgeschritten, und die Gesichtserkennung von Hunden wird sicher in ein paar Jahren auch möglich sein.)

Ein Big Data-Szenario für den Fernunterricht

Larry DiCecco ist ein 17jähriger Schüler. Seine Eltern sind überzeugt davon, dass er intelligent ist, nur seine Noten scheinen dies nicht zu bestätigen. Sie glauben deshalb, dass er sich in der Schule nicht genügend anstrengt. Da Larry studieren soll, machen sich seine Eltern Sorgen, dass er sich nicht die Universität aussuchen kann, wenn sich seine Leistungen nicht verbessern. Die Eltern von Larry sind finanziell nicht besonders gut gestellt und wissen, dass sie erhebliche finanzielle Unterstützung benötigen, um sich das Studium ihres

Sohnes leisten zu können. Nach den Ergebnissen des vorläufigen Zulassungstests an einer Universität wissen sie, dass er Unterstützung benötigt, um seine Einstufungsergebnisse zu verbessern. Sie können sich jedoch keinen Nachhilfelehrer leisten.

Der Berufsberater der Schule hat den Eltern von einem AutoTutor-Programm einer Firma erzählt, das Prüfungen simuliert. Sie melden ihren Sohn für mehrere Monate bei diesem Programm an, zumal die Gebühren deutlich unter denen für einen Nachhilfelehrer liegen. Die Unterlagen zur Prüfungsvorbereitung werden in digitaler Form zur Verfügung gestellt. AutoTutor verfolgt, in welcher Zeit Larry die Inhalte abarbeitet und überwacht seine Lerngewohnheiten.

Schon kurz nach Beginn des Programms wird festgestellt, dass Larrys Lerngewohnheiten nicht effektiv sind: Er schläft beim Lernen zu oft ein, markiert zu viel und lernt generell zu langsam, weil er zu oft Passagen wiederholen muss (was auf einen Konzentrationsmangel schließen lässt). Niemand in seiner Familie ist deshalb überrascht, als das Programm andeutet, dass sich Larry beim Lernen wohl durch anderen Tätigkeiten (er ist auf Facebook, hört Musik seines Lieblingssenders Pandora und spielt gelegentlich nebenbei ein Videospiel) ablenken lässt. Er bemüht sich nun, zumindest einige dieser Aktivitäten beim Lernen zu unterlassen.

Das Programm analysiert außerdem seinen Wortschatz und stellt fest, dass er bei wissenschaftlichen Terminologien Schwächen hat. Es diagnostiziert Stärken in Algebra, dagegen Nachholbedarf in Geometrie. Um seine Fähigkeiten zu verbessern, bietet ihm AutoTutor spezielle Übungen an.

Nach jeder Lerneinheit kalkuliert die Verbesserungs-App des Programms Larrys voraussichtliches Ergebnis beim Zulassungstest und den wahrscheinlichen Durchschnittswert der einzelnen Prüfungsteile. Seine Ergebnisse werden kontinuierlich besser.

Die App bezieht auch Larrys Eltern in den Lernprozess ein, schickt ihnen Rückmeldungen zum Lernverhalten und -fortschritt ihres Sohnes und spart nicht mit Motivationstipps, die speziell auf Larrys Situation zugeschnitten sind. Sie wurden aufgrund seines Verhaltens bei der Nutzung des Tutor-Programms entwickelt.

Larry macht Fortschritte.

Er arbeitet zwei Monate kontinuierlich mit dem Programm und nicht einmal hat das Unternehmen, dass das Tutor-Programm anbietet, Kontakt mit Larry. Larry verbessert seine Punktzahl im Zulassungstest um 150 Punkte (in der Hälfte des von Programm prognostizierten Zeitrahmens) und bekommt einen Studienplatz an seiner bevorzugten Universität. Er wünscht sich, dass er AutoTutor auch während des Studiums zur Verbesserung seiner Noten verwenden kann.

(*Hinweis für Skeptiker:* Unternehmen wie Kaplan, Capella und die Universität Phoenix bieten bereits einige der Programme an, die in meinem Szenario beschrieben wurden. Plattformen wie Coursera oder edX untersuchen derzeit die Realisierbarkeit derartiger Messungen und Empfehlungen. Ich bin überzeugt davon, dass Big Data im Aus- und Weiterbildungssektor in den nächsten Jahren eine hohe Bedeutung beigemessen und dass das Szenario von Larry eines Tages völlig normal sein wird.)

Wie können wir diese Szenarien verwirklichen?

Diese oder ähnliche (provokante) Szenarien könnten in Ihrem Unternehmen und Ihrer Branche durchaus Realität werden. Die Technologie wird sicher kein Hindernis darstellen – tatsächlich ist bereits heute vieles möglich, zumindest auf Pilot- oder Versuchsbasis. Es bedarf vielmehr der Vision und Entschlossenheit von Organisationen, diese Innovationen zu entwickeln und umzusetzen. Ein erhebliches Maß an Vorstellungskraft, Mut und Engagement sind für Big Data-Projekte nötig. Für jedes Projekt muss eine erhebliche Datenmenge erfasst werden. Die Entwicklung entsprechender IT-Umgebungen, der System- und Datenintegration sowie von Analysemodellen ist erforderlich. Und die Unternehmen werden einige Unterstützung im Umgang mit den neuen und produktiveren Werkzeugen benötigen. Mit der Umsetzung dieser Szenarien werden kompetente Mitarbeiter mehrere Jahre beschäftigt sein, und in einigen Fällen sind regulatorische Eingriffe notwendig (z. B. für selbst-fahrende Autos im Straßenverkehr).

Noch steht nicht fest, welches Geschäftsmodell für diese Innovationen tragfähig ist, und wie die Unternehmen damit Geld verdienen können. Außerdem ist noch nicht klar, wie die Kunden auf diese Innovationen reagieren werden – insbesondere Videoaufzeichnungen, die die Privatsphäre beeinträchtigen können. Trotzdem ist es sehr wahrscheinlich, dass Organisationen Big Data nutzen und beträchtliche Erfolge damit erzielen werden. So wie sich Google beispielsweise entschlossen hat, das selbst-fahrende Auto zu realisieren.

Was ist Ihnen lieber? Dass Ihr Unternehmen diese Szenarien aktiv mitgestaltet oder dass Ihre Mitbewerber dies tun?

Branchen, die gut für Big Data geeignet sind

Im Rahmen meiner Forschung zu traditionell strukturierten Datenanalysen habe ich herausgefunden, dass einige Branchen ein besseres Verständnis von ihrem Geschäft und ihren Kundenbeziehungen haben als andere (siehe Tabelle 2.1). Dazu gehören vor allem endkundenorientierte Branchen mit hohem Datenanfall (ich nenne sie *Overachiever*) wie das Kreditkartenunternehmen Capital One, Versicherungsunternehmen wie Progressive, Reiseunternehmen, Fluggesellschaften, Hotels oder Casinos wie Caesars. Konsumgüterunternehmen wie Procter & Gamble führten auch ohne direkte Kundendaten erfolgreich Analysen durch. Als die ersten Internet-

Datenbenachteiligte Branchen	Underachiever	Overachiever
Gesundheitsorganisationen	Traditionelle Banken	Konsumgüter
B2B-Unternehmen	Telekommunikationsunternehmen	Versicherungen
Industrieprodukte	Medien und Unterhaltung	Online-Unternehmen
	Einzelhandel	Reise und Verkehr
	Stromversorger	Kreditkartenunternehmen

Tabelle 2.1: Verwendung von Daten und Analysemethoden in Branchen in der Vergangenheit

unternehmen Mitte der 1990er Jahre auftauchten, übernahmen die cleveren unter ihnen, wie Amazon, eBay oder Netflix, schnell eine Führungsrolle im Bereich Analytics, da es große Datenmengen zu verarbeiten galt, und diese Unternehmen dies am besten bewältigten. In meinem Buch *Competing on Analytics* nenne ich sie die „geborenen analytisch orientierten Wettbewerber".

Datenbenachteiligte Organisationen verfügen über keine großen Datenmengen bzw. die Datenmengen sind nicht gut strukturiert. Aus diesem Grund waren sie analytisch quasi benachteiligt. Solche Organisation sind z. B.:

- Gesundheitsdienstleister. Sie sind benachteiligt, da sie noch nicht über umfassende elektronische Patientenakten verfügen und viele textbasierte Aufzeichnungen über Patienten führen (50 % aller Daten in elektronischen Patientenakten bestehen aus unstrukturiertem Text).
- Business-to-business-Unternehmen (B2B). Sie sind benachteiligt, da sie nicht viele Kunden und somit auch nicht viele Kundendaten haben.
- Business-to-business-to-consumer-Unternehmen (B2B2C). Sie haben als Vermittler (z. B. Wiederverkäufer zwischen Konsumgüterunternehmen und Verbrauchern oder Ärzte zwischen Pharmaunternehmen und Patienten) häufig keinen Zugang zu Daten, wer ihre Produkte kauft und wie sie angewandt werden.
- Hersteller von Industriegütern. Sie fallen häufig in die benachteiligte Gruppe der B2B-Unternehmen, haben also nicht viele Daten über ihre Produkte vorliegen.

Andere Branchen verfügten zwar über größere Datenmengen, nutzten diese allerdings nicht effektiv genug, sodass ihre Kunden oder sie selbst einen Nutzen daraus hätten ziehen können. Solche *Underachiever* sind z. B.:

- Telekommunikationsunternehmen. Sie verfügen über große Datenmengen, nutzten sie aber aus irgendeinem Grund nicht (vielleicht weil sie als Monopole früher starker Regulierung unterlagen oder viel mit Fusionen und Akquisitionen beschäftigt waren).
- Medien und Unternehmen der Unterhaltungsbranche. Sie gehören zu den *Underachievern*, weil sich ihre Entscheidungskultur

auf Intuition und Bauchgefühl gründete und nicht wussten, wie sie herausfinden können, ob die Zuschauer ihre Inhalte ansehen oder nicht.

- Wiederverkäufer. Sie verfügen zwar über große Datenmengen aus den Kassensystemen, aber die meisten von ihnen waren bis vor kurzem noch *Underachiever*, mit Ausnahme von Tesco und teilweise Walmart.
- Traditionelle Banken. Trotz großer Datenmengen über den Geldverbrauch und das Sparverhalten ihrer Kunden konnten sie ihnen größtenteils jedoch keinen Gesamtüberblick vermitteln und gezielte Marketingangebote machen.
- Stromversorger. Seit einiger Zeit rühmen sie sich mit dem „intelligenten Stromnetz", sind jedoch noch ein gutes Stück davon entfernt. Abgesehen von der bedingten Implementierung von Verbrauchssystemen und tageszeitabhängiger Preisgestaltung hat sich zumindest in den Vereinigten Staaten in diesem Bereich noch nicht viel getan.

Dieses Umfeld hat sich mit dem Aufkommen von Big Data drastisch verändert. Viele der Branchen, die mit der letzten Generation von Analysesystemen noch wenig erfolgreich waren, können mit Big Data eine Führungsposition einnehmen. Hierfür müssen sie allerdings ihr Verhalten und ihre Einstellung ändern. Big Data wird in ihrem Unternehmen und der gesamten Branche verfügbar sein, träge Kandidaten müssen jedoch einen größeren Aufwand als bei den traditionellen Analysesystemen betreiben, um sie nutzen zu können.

Lassen Sie uns gemeinsam darüber nachdenken, welche Rolle Big Data in diesen Branchen spielen und wie man es nutzen wird.

Gesundheitswesen

Im Gesundheitswesen werden viel größere Mengen an strukturierten Daten aus zahlreichen elektronischen Patientenaktensystemen zur Verfügung stehen als bisher. Krankenhäuser und Kliniken verfügen zudem über große Textmengen aus dem klinischen Alltag; hierbei handelt es sich hauptsächlich um Aufzeichnungen von Ärzten und Krankenschwestern. Mithilfe von Sprachtechnologien (natural language processing) können diese Texte immer besser erfasst und klassifiziert werden. Versicherungsunternehmen verfügen über große Datenmengen aus Erstattungen von Behandlungs- und Arzneimittelkosten, diese sind aber derzeit noch nicht mit den Daten von Gesundheitsdienstleistern verbunden. Wenn man all diese Daten miteinander verknüpfen, kategorisieren und analysieren könnte, dann ließe sich beispielweise ein viel besserer Eindruck des Gesundheitszustandes eines Patienten ableiten. Bilddaten aus CT- und MRT-Scans sind eine weitere gute Datenquelle. Zurzeit sehen Ärzte dieses Bildmaterial nur an, analysieren es aber nicht systematisch. Daten der menschlichen Gensequenzen – ca. 2 Terabyte pro Mensch – werden immer günstiger (in ein paar Jahren werden sie pro Patient nur noch ungefähr 1.000 USD kosten), sodass man sie bald für viele Patienten erfassen kann. Und als sei dies noch nicht genug, werden massive Datenmengen von *angeschlossenen Gesundheits-* (Telemedizin und Fernüberwachung) und *Quantified Self* (persönliche Überwachung)-Geräten verfügbar sein.[3] Stellen Sie sich vor, dass Ärzte und Krankenhäuser jeden Tag, jede Stunde oder Minute Daten über Gewicht, Blutdruck, Puls, körperliche Aktivitäten und sogar den seelischen Zustand ihrer Patienten erfassen könnten! Die Menge dieser erfassten Daten übersteigt unser Vorstellungsvermögen. Zusammenfassend lässt sich sagen, dass die größte Herausforderung im Gesundheitswesen nicht darin besteht, wie man Daten erfasst, sondern wie man sie sinnvoll nutzt.

B2B-Unternehmen

Unternehmen, die nur an andere Unternehmen verkaufen, haben vielleicht nicht viele Kunden, aber ihnen winkt trotzdem eine große Big Data-Zukunft. Ein Aspekt ist beispielsweise, nicht die Unternehmen sondern die Menschen, die in diesen Unternehmen arbeiten, wie echte Kunden eines Unternehmens zu betrachten. Einige B2B-Anbieter haben bereits damit begonnen. Sie zeichnen die Bewegungen von Menschen im Unternehmen, Gespräche, Serviceeinsätze, Kundenanfragen und sonstige Aspekte einer Kundenbeziehung auf. Da B2B-Produkte und -Dienstleistungen mit Chips und Sensoren zur Leistungsmessung „instrumentalisiert" werden, stehen den Unternehmen zukünftig große Datenmengen über die Verwendung ihrer Produkte zur Verfügung. Mit all diesen Daten werden die B2B-Unternehmen in puncto Big Data und Analytics wahrscheinlich den Anschluss an ihre Marketingkollegen aus der Konsumgüterindustrie schaffen.

B2B2C-Unternehmen

Endkundenorientierte Unternehmen mit Vermittlern zu ihren Verbrauchern, z. B. Konsumgüter- und Pharmaunternehmen, hatten in der Vergangenheit einen Informationsnachteil, können aber mit Big Data aufholen. Die *Overachiever* in dieser Kategorie wie Procter & Gamble stoßen derzeit in die Sphären des Online-Verkaufs vor. P&G's „eStore" möchte nicht nur mehr Produkte verkaufen, sondern auch mehr über das Verhalten und die Vorlieben seiner Kunden erfahren. Das Unternehmen aus Ohio arbeitet auch eng mit großen Wiederverkäufern wie Walmart bei der Nutzung und Analyse von Daten aus den Kassensystemen zusammen. Andere Unternehmen mit Vermittlern, wie z. B. GM und Ford in der Automobilindustrie, haben vielleicht keinen direkten Kundenkontakt beim Verkauf ihrer Produkte, sie lernen jedoch viel über ihre Kunden durch deren Kreditkartenbewegungen. Konsumgüterunternehmen verwenden immer häufiger Videoanalysen, um mehr über ihre Kunden zu erfahren. PepsiCo unterhält beispielsweise ein „Lernlabor" von RetailNext, einem Anbieter von Videoanalysesystemen, um besser zu verstehen, was Kunden motiviert, ein Sechserpack Pepsi aus dem Regal zu nehmen und zu kaufen. Pharmaunternehmen werden in der Zukunft wahrscheinlich nicht nur Medikamente sondern auch Geräte verkaufen – wie „intelligente" Tablettendosen oder Medizinschränkchen –, die aufzeichnen, ob ein Medikament im verordneten Intervall genommen wurde. Tabletten und Getränkedosen werden wohl in absehbarer Zukunft keine integrierten Sensoren haben, aber dennoch werden große Datenmengen zur Analyse verfügbar sein.

Hersteller von Industriegütern

Sensoren und Chips werden wahrscheinlich die Quellen von Big Data für Hersteller von Industrieprodukten sein. Die derzeitigen

Aktivitäten und Pläne von GE im Zusammenhang mit der Überwachung von Lokomotiven, Triebwerken und Gasturbinen habe ich bereits angesprochen. John Deere plant, Big Data aus Sensoren und Computern in seinen Traktoren zu generieren. Boeing hat riesige Mengen an Flugdaten von seinem Problemkind, dem 787 Dreamliner, erfasst und konnte dadurch die Probleme schneller als geplant lösen (obgleich die größten Probleme mit den Batterien doch eher am Boden auftraten). Cisco Systems sammelt Daten über die Netzwerk-Performance um herauszufinden, welche Netzwerkkonfigurationen am zuverlässigsten arbeiten. Mit einer Anwendung von Intel können PC-Probleme frühzeitig erkannt und behoben werden, bevor es zum Systemabsturz kommt. Diese Unternehmen wissen, in welchem Zustand sich die von ihnen verkauften Systeme befinden. Dadurch wissen sie auch, wann sie ausgetauscht werden müssen und können einen effektiveren Kundendienst anbieten. Hersteller von Industriegütern werden darüber hinaus von einigen der bereits erwähnten Big Data-Innovationen im B2B-Bereich sowie von Innovationen in der Produktion und Logistik profitieren.

Telekommunikationsunternehmen

Telekommunikationsunternehmen, einschließlich Internetprovider, Festnetz- und Mobilfunkanbieter sowie Kabelnetzbetreiber, verfügen über große Datenmengen: wer mit wem kommuniziert, wer sich für welche Inhalte interessiert, und wer bereit ist, viel Geld für Netzwerke auszugeben. IBM schätzt, dass pro Tag 5,2 Millionen Gigabyte an mobilen Daten erzeugt werden.[4] Auch die Anzahl an Telefonen nähert sich Big Data-Ausmaßen an; nach Angaben des US-amerikanischen Kommunikationsdienstleisters Neustar hat der durchschnittliche Haushalt 3,8 Telefonnummern.[5] Leider hat die Branche bisher nicht viel mit all diesen Daten angefangen. Vielleicht haben Sie ja auch schon festgestellt, dass man als Kunde gleich behandelt wird, ganz egal, ob man ein kleiner oder großer Fisch bezogen auf seine Monatsrechnung ist.

Manche Unternehmen, insbesondere in der Mobilfunkbranche, verwenden Daten um herauszufinden, welche Kunden abzuwandern drohen. Einige Mobilfunkanbieter analysieren bestimmte Aspekte in den sozialen Netzwerken ihrer Kunden und versuchen, besonders einflussreiche Kunden zu identifizieren. Diese Unternehmen kratzen allerdings nur an der Oberfläche dessen, was mit Big Data möglich wäre. Die Telekommunikationsbranche ist eine der wenigen Branchen, die keine neuen Daten erfassen muss, um erfolgreich mit Big Data zu sein; sie muss die vorhandenen Daten lediglich nutzen! In Kapitel 8 beschreibe ich, wie das Mobilfunkunternehmen Verizon Wireless neue Geschäftsmöglichkeiten durch den Verkauf von mobilen Daten schafft.

Medien und Unternehmen der Unterhaltungsbranche

Für diese Branche ist Big Data eine Goldgrube. Obwohl man sich hier in der Vergangenheit noch nicht viel mit Daten oder Analytics beschäftigt hat, kann man jetzt viel darüber erfahren, welche Art von Inhalten die Kunden wirklich wollen, da Produkte zunehmend über das Internet vertrieben werden. Die Unternehmen könnten also nicht nur herausfinden, welche Art von Filmen, Fernsehprogrammen und kurzen Videos ihre Kunden mögen, sondern noch viel detailliertere Informationen erfassen. Welche Stars bringen die Leute ins Kino? Sehen die Kunden lieber fröhliche oder traurige Filme? Stößt Profanität bestimmte Zuschauer eher ab, oder hält sie sie bei der Stange? Noch ist der Quotendurchschnitt in der Medienbranche gering: Die meisten Filme spielen kein Geld ein, und die meisten Fernsehsendungen werden schnell wieder abgesetzt. Das geht auch anders! Unternehmen wie Netflix und Amazon zeigen uns neue Wege, Big Data zu nutzen, um erfolgreiche Inhalte zu erzeugen. Noch vor der ersten Ausstrahlung seiner Serie *House of Cards* wusste Netflix bereits, dass der Direktor, der Hauptdarsteller und die englische Version gut bei den Zuschauern ankamen, und daher war die Einführung in den Vereinigten Staaten kein großes Risiko.[6] Amazon.com entwickelte 14 Pilotprogramme seines Video-Streaming-Dienstes und wählte anhand des Kundenfeedbacks die fünf Produkte aus, die es endgültig produzierte. Big Data-basierte Modelle werden sicherlich auch bald von anderen Unternehmen im Bereich der Erstellung von Inhalten genutzt, insbesondere weil sie sehr effektiv sind.

Banken

Die Bankenbranche profitiert bereits heute von den Daten aus den Transaktionen und Finanzaktivitäten ihrer Kunden; dennoch besteht hier noch beträchtliches Wachstumspotenzial mit Big Data. Bankgeschäfte laufen über mehrere Kanäle, und einige große Banken können mittlerweile nachvollziehen, wie sich Kunden durch Call Center, Niederlassungen, Geldautomaten und Internetseiten arbeiten müssen, um ihre finanziellen Bedürfnisse zu befriedigen. Sie entwickeln zunehmend Marketingangebote, die individuell auf den Kunden zugeschnitten sind. Dennoch ist mir keine Bank bekannt, die alle verfügbaren Finanzdaten ihrer Kunden nutzt, um personalisierte und qualitativ-hochwertige Empfehlungen für Finanzprodukte zu machen. Ich hoffe, dass all dies im Big Data-Zeitalter möglich sein wird.

Stromversorger

In der Versorgungswirtschaft gibt es eine Fülle von Möglichkeiten mit Big Data. Die Unternehmen müssten allerdings erhebliche Investitionen tätigen, um diese zu realisieren. So stehen Investitionsentscheidungen in Erzeugungs- und Verteilermöglichkeiten, in den Netzbetrieb mit Echtzeit-Energiemanagement und in Consumer Intelligence-Lösungen zur Optimierung des Energieverbrauchs an.[7] Zahlreiche Ausrüstungs-, Software- und Dienstleistungsunternehmen bieten Big Data-Lösungen für die Branche an, bisher verwenden jedoch nur wenige Versorger derartige Systeme.

Obwohl ich nur wenige Branchen beschrieben habe, so wird deutlich, dass praktisch in jeder Branche durch Big Data ein Wandel stattfinden kann. Wenn selbst die eher trägen Sektoren im Zeitalter der traditionellen Datenanalyse mit Big Data nun glänzen können, dann kann praktisch jede Branche damit erfolgreich sein.

Big Data und die wichtigsten Unternehmensfunktionen

In diesem Abschnitt beschreibe ich die Auswirkungen von Big Data auf die wichtigsten Funktionen im Unternehmen, die praktisch für alle großen Organisationen relevant sind. Bei manchen Funktionen sind größere Auswirkungen zu erwarten als bei anderen, aber in allen Bereichen bieten sich große Chancen.

Marketing

Marketing war das Paradies der traditionellen Datenanalyse und dennoch gibt es hier viel Raum für Verbesserungen durch Big Data. Neue Datenquellen finden sich beispielsweise in den sozialen, mobilen und Standortdaten der Kunden. Stellen Sie sich vor, wie wertvoll es wäre, nicht nur zu wissen, was der Kunde über Ihr Unternehmen schreibt, sondern auch wann genau er Ihr Geschäft betritt. Neben diesen relativ neuen Datenquellen haben viele Unternehmen Onlinedaten immer noch nicht richtig genutzt. Heute wünschen sich die meisten Vermarkter eine Kundenbeziehung über mehrere Kanäle, bei der die Kunden nahtlos zwischen mehreren physischen und virtuellen Touchpoints wechseln können. Bisher haben jedoch nur wenige Unternehmen dieses hochgesteckte Ziel erreicht. Sie müssen herausfinden, wie sich die Kunden von einem Kanal zum anderen bewegen, vom Online-Shop zum Call Center (zur Lösung eines bestimmten Problems) oder direkt zum Geschäft, um sich das Sortiment anzusehen. Die Integration und Analyse von Daten über mehrere Kanäle – sowohl big und unstrukturiert als auch small und strukturiert – stehen ganz oben auf der Big Data-Agenda der Vermarkter. Zudem müssen sie die Verkaufszahlen auch den vielen unterschiedlichen Anzeigen und Werbebotschaften zuordnen, die die Vermarkter über die unterschiedlichen Kanäle ausgesandt haben. Diese komplexe analytische Aufgabe übernimmt Software, bei der die Marketingausgaben nach erfolgter Datenanalyse entsprechend priorisiert werden.[8] Bevor diese Ziele erreicht werden, sind wahrscheinlich ein oder zwei neue Vermarktungskanäle entstanden. Sie sehen, Big Data ist eine nie enden wollende Aufgabe für das Marketing.

Vertrieb

Durch die Einführung des Customer Relationship Managements und von Besuchsberichtsystemen hat sich der Vertrieb in den letzten Jahren stark verändert. Unternehmen wissen heute viel genauer über die Aktivitäten ihres Außendiensts und Absatzmöglichkeiten Bescheid. Aber die Entwicklung geht weiter. Wie genau fallen beispielsweise die Umsatzprognosen des Außendiensts aus? Wie verbringt der einzelne Außendienstmitarbeiter tatsächlich seine Zeit? Diese Maßnahmen wären zweifellos sehr unpopulär bei den Mitarbeitern, würden jedoch viele interessante Daten erzeugen.

Supply Chain

Logistikprozesse unterliegen am ehesten einem grundlegenden Wandel durch Big Data. Geräte mit Funkerkennungschips (RFID, radio-frequency identification) sind seit langem als Mittel zur Überwachung von Produktbewegungen innerhalb der Logistikkette in Gebrauch und sind heute schon zu vernünftigen Preisen erhältlich. Durch GPS-Tracking in LKWs und Zügen lassen sich Ankunftszeiten von Sendungen präziser vorhersagen. Transportunternehmen wie UPS, FedEx oder Schneider National arbeiten bereits mit Trackinggeräten zur Überwachung und Optimierung ihrer Streckennetze. In Kapitel 8 beschreibe ich, wie UPS kürzlich den Verlauf seiner Fahrstrecken auf der Basis der Daten aus seinen Fahrzeugen geändert hat.

Andere Sensorarten werden sicher eine Flut neuer Daten und Analysemöglichkeiten bieten. RFID- und Telematik-Sensoren zeichnen hauptsächlich den Standort auf, aber die sogenannten ILC-Sensoren (identification, location, condition) können sogar den Zustand von Waren in der Logistikkette und Variablen wie Licht, Temperatur, Neigungswinkel überwachen und erkennen, ob ein Paket geöffnet wurde. Die erfassten Daten werden in Echtzeit übertragen, ermöglichen also die Identifikation von Logistikproblemen in Echtzeit und erlauben umgehende Korrekturmaßnahmen. Wir haben gerade erst angefangen herauszufinden, wie der Wert von ILC-Daten durch Analysen erhöht werden kann.

Produktion

In der Produktion gibt es eine Vielzahl von Anwendungsmöglichkeiten für Big Data. Nicht nur die produzierten Güter, sondern auch

Fertigungseinrichtungen enthalten zunehmend datenerzeugende Sensoren. Bearbeitungs- und Schweißgeräte sowie Roboteranlagen können ihre Leistungsdaten und einen möglichen Servicebedarf aufzeichnen. Die Geräte sind in einem Netzwerk organisiert, sodass sie zentral überwacht und gesteuert werden können. Der Trend automatisierter Fabriken wird sich fortsetzen und wahrscheinlich noch beschleunigen. Während der Produktion kann mithilfe von Big Data-gesteuerten Logistikketten sichergestellt werden, dass eine ausreichende Teileversorgung für den Herstellungsprozess gewährleistet ist und die optimale Warenmenge hergestellt wird. Unternehmen der Einzelfertigung haben sich größtenteils mit diesem Problem auseinandergesetzt, aber die Prozessindustrie (z. B. Mineralölgesellschaften) hat hier noch keine wesentlichen Fortschritte erzielt.

Human Resources

Die Personalabteilung gehörte bisher sicherlich zu den am wenigsten datengesteuerten Unternehmensfunktionen. Das wird sich jedoch durch den Einsatz von HR-Informationssystemen und -analysen ändern, z. B. durch Analyse von Standort- und Kommunikationsdaten der Mitarbeiter. Wenn man beispielsweise entscheiden möchte, wo bestimmte Firmeneinrichtungen entstehen sollen, wäre es da nicht sinnvoll zu wissen, wo sich die Mitarbeiter im Laufe des Arbeitstages eigentlich aufhalten, bevor man diese Entscheidung trifft? Es werden keine speziellen Sensoren benötigt. Sofern die Mitarbeiter ihre Zustimmung geben, können ihre Handys diese Daten problemlos liefern. Wenn wir der Überzeugung sind, dass bestimmte Gruppen unbedingt zusammenarbeiten sollten (z. B. Produktentwicklung und Produktion), müssen wir dann nicht auch das Ausmaß und die Art der Zusammenarbeit messen? Server-Protokolldateien ermöglichen diese Analysen bereits heute, aber nur sehr wenige Organisationen nutzen sie. In Zukunft werden die Unternehmen einen Vorsprung haben, die die Kooperation und Kommunikation ihrer Mitarbeiter aktiv überwachen. Der MIT-Professor Alex (Sandy) Pentland hat diese Bereiche menschlichen Verhaltens mithilfe der Sensorspuren untersucht, die sie hinterlassen. Er ist überzeugt davon, dass sie ein unbezahlbares Hilfsmittel für die Umgestaltung von Organisationen und Gesellschaften sind.[9]

Strategische Planung

Die strategische Planung ist oft dafür verantwortlich, die wichtigsten Entscheidungen im Unternehmen zu treffen bzw. zu unterstützen und hat seine Entscheidungen in der Vergangenheit eher ohne Datenanalyen getroffen. Mitarbeiter in der strategischen Planung haben vielleicht in gewissem Umfang Daten gesammelt oder eine externe Beratungsfirma damit beauftragt, aber dies erfolgte selten in großem Stil. In Zukunft wird es wohl eher unprofessionell sein, große Mengen externer Daten nicht für strategische Entscheidungen heranzuziehen. Für strategische Entscheidungen sind Internetdaten wahrscheinlich am ehesten relevant, widerspiegeln sie doch, was Menschen weltweit sagen und tun. Ich kenne drei Start-ups, die diese Art von Analyse anbieten: Quid aus San Francisco, Recorded Future aus Boston und Signals Intelligence Group aus Israel. Quid analysiert Internetdaten, um die Verbreitung und die Verbindungen zwischen technologiebezogenen Inhalten zu untersuchen. So analysierte das Unternehmen beispielsweise Technologiepotenziale für einen großen IT-Anbieter und fand heraus, dass es ungenutzte Potenziale an der Schnittstelle zu Biopharma, sozialen Medien, Spiele und Zielgruppenwerbung gibt. Recorded Future analysiert Internetdaten, um Vorhersagen und Ereignisse besser verstehen zu können. Dafür interessieren sich Geheimdienste und Unternehmen. Procter & Gamble versucht mithilfe derartiger Daten und verschiedener Werkzeuge herauszufinden, welche Ereignisse sich auf Verkaufsprognosen auswirken könnten. Die Signals Intelligence Group informiert Strategieabteilungen anhand der Prinzipien der israelischen Militärorganisation über Innovationen, Wettbewerber, Lieferantenbeziehungen und Produktentwicklungen bei Konsumgüter-, Pharma- und Technologieunternehmen.[10] Strategen, die sich ausschließlich auf interne Informationen und ihre Erfahrungen verlassen, werden bald das Nachsehen haben.

Finance

Finanzdienstleister waren wahrscheinlich die ersten, die Big Data-Konzepte eingeführt haben. Finanzinvestoren und Risikomanager arbeiten sich durch Berge von Daten, um Gelegenheiten zum Kauf oder Verkauf zu ermitteln, oder berechnen die Wahrscheinlichkeit, dass Investitionen oder Vermögenswerte drastisch abstürzen könnten. Obwohl die Finanzkrise von 2008/2009 gezeigt hat, dass diese Analysen durchaus unzuverlässig sind, wird die Verwendung von Big Data weiter vorangetrieben. Denn anhand dieser Analysen lassen sich Muster von steigenden und fallenden Vermögenswerten erkennen, Vermarktungsmöglichkeiten ermitteln sowie Delikte wie Betrug und Geldwäsche aufdecken. In absehbarer Zeit wird Big Data auch in die Finanzabteilungen der Unternehmen Einzug halten, denn schon heute betreiben sie Trading- und Hedginggeschäfte, Risikomanagement und andere datenintensive Aktivitäten. Mit der höheren Verfügbarkeit von externen Daten wird es auch wahrscheinlicher, dass diese zur Beurteilung des Risikos einer Zusammenarbeit mit bestimmten Kunden, Lieferanten und Geschäftspartnern herangezogen werden.

Informationstechnologie

IT-Abteilungen, die meistens für das Speichern und Verarbeiten von Big Data zuständig sind, könnten ihre eigenen Entscheidungen ebenfalls stärker auf Daten stützen, z. B. bei der Beurteilung der Zuverlässigkeit und Sicherheit von IT-Abläufen. Praktisch alle IT-Geräte – Computer, Netzwerkequipment, Speichergeräte – liefern Performancedaten, die analysiert, erklärt und vorhergesagt werden können. Bisher haben weder IT-Organisationen noch ihre Lieferanten die Zuverlässigkeit und Performance ihrer Abläufe wirklich mithilfe dieser Daten optimiert, obwohl es möglich wäre. Die Verfügbarkeit von IT-Kapazitäten „in der Cloud" werden diesen Trend vorantreiben, da Anbieter von Cloud-Services ihre Zuverlässigkeit demonstrieren und verbessern müssen, um Kunden zu gewinnen bzw. zu behalten. Sicherheit ist eine weitere Domäne der IT-Abteilung, in der mehr Analysen benötigt werden. Statt nur auf Sicherheitsverstöße zu reagieren, müssen Organisationen Sicherheitsbedrohungen antizipieren. Nur wie kann man einen Hackerangriff auf ein System vorhersagen? Welche Bereiche haben sich in der Vergangenheit als besonders anfällig erwiesen? Organisationen, die Sicherheitsbedrohungen antizipieren und abwehren können, werden zweifellos erfolgreicher sein als solche, die nur reagieren und aufgetretene Sicherheitslecks beseitigen.

Die Auswirkungen von Big Data

Anhand meiner Zukunftsszenarien haben Sie vielleicht einen Eindruck davon gewonnen, wie Big Data die wichtigsten Branchen und Funktionen in den Unternehmen verändern könnte. Viele Möglichkeiten habe ich allerdings noch gar nicht angesprochen, wie Analysen von Verkehrsströmen, Verbrechen oder dem Wassermanagement in der kommunalen Verwaltung. Wie wird sich Big Data in der Landwirtschaft auswirken, der ältesten Industrie überhaupt, die ebenfalls immer mehr Daten erzeugt? Was passiert, wenn unsere Häuser – unsere Thermostate, Kühlschränke und Heizungen – intelligent, digitalisiert und mit dem Internet verbunden sind? Und wie werden sich Big Data-Analysen – von Spielerstandorten oder Videoaufzeichnungen – auf den Sport auswirken? Man kann unmöglich alle Auswirkungen von Big Data vorhersagen.

Am wichtigsten ist es jedoch, nicht selbstgefällig zu sein. In einem Gespräch mit einem leitenden F&E-Manager eines großen Automobilherstellers über Big Data-Projekte erwähnte ich, dass das selbst-fahrende Auto von Google gewaltige Auswirkungen in dieser Branche haben wird. Ich fragte ihn, ob es in seinem Unternehmen ein ähnliches Projekt gäbe. Er sagte: „Das überlassen wir Google."

Wahrscheinlich ist das ein großer Fehler. Wenn Big Data eine Branche verändert, sollte das eigene Unternehmen dann nicht lieber am Wandel mitwirken, statt ihm nur zu unterliegen? Diese Art von Selbstgefälligkeit ist vielen Unternehmen schon zum Verhängnis geworden. Um Fortschritte mit Big Data zu ermöglichen, braucht es intensive Diskussionen im Unternehmen darüber, was dieses neue Instrument für die Branche und das Unternehmen bedeuten kann, und wie man angemessen darauf reagieren sollte. Wenn Sie nichts tun, setzen Sie Ihre Arbeit und Ihr Unternehmen aufs Spiel!

AKTIONSPLAN FÜR MANAGER

Wie wird Big Data Ihr Unternehmen verändern?

- Haben Sie sich schon Gedanken darüber gemacht, wie Big Data Ihre Branche, Geschäftsmodelle und Kundenerfahrungen verändern könnte?
- Ist jemand in Ihrem Unternehmen dafür verantwortlich, die Entwicklungen von Big Data im Auge zu behalten und das Management über die neuesten Entwicklungen, die für Ihr Unternehmen relevant sind, zu informieren?
- Haben Sie sich schon überlegt, welche Auswirkungen Big Data auf Ihre wichtigsten Unternehmensfunktionen hat?
- Diskutieren Sie im Management regelmäßig über die Rolle von Big Data und Analytics in Ihrem Unternehmen?
- Haben Sie Teile dieser theoretischen Überlegungen bereits in die Praxis umgesetzt?

3

Entwicklung einer Big Data-Strategie

Gehen wir einmal davon aus, dass Sie von den schier unbegrenzten Möglichkeiten von Big Data für Ihr Unternehmen und Ihre Branche fasziniert sind und diese unbedingt nutzen möchten. Was sollten Sie als Erstes tun? Ein großes Hadoop-Cluster für Ihr Datenzentrum anschaffen? Datenwissenschaftler einstellen? Alle Internetdaten, die jemals erzeugt wurden, kopieren und im Datenzentrum speichern? Nein, warten Sie damit! Als erstes sollten Sie darüber nachdenken, welche Position Big Data in Ihrem Unternehmen einnehmen könnte, welcher Big Data-Strategie Sie folgen wollen. Besprechen Sie mit Ihrem Management, was Big Data für Ihr Unternehmen bewegen kann, welche der zahlreichen Möglichkeiten Sie nutzen und welche Ziele Sie mit Big Data erreichen möchten.

Welches Ziel verfolgen Sie mit Big Data?

Wie bei vielen neuen Informationstechnologien so lassen sich auch mit Big Data drastische Kosteneinsparungen und substanzielle Verbesserungen in der Verarbeitungsgeschwindigkeit von Computeranwendungen realisieren oder neue Produkte und Dienstleistungen entwickeln. Und ebenso wie die traditionelle Datenanalyse unterstützt Big Data auch interne Unternehmensentscheidungen. Welchen dieser Vorteile möchten Sie erzielen? Mit Big Data-Technologien und -Konzepten lassen sich viele unterschiedliche Ziele erreichen, aber Sie sollten zu Beginn einen Schwerpunkt setzen. Die Entscheidung, was Sie von Big Data für Ihr Unternehmen erwarten, ist sehr wichtig. Sie hat nicht nur Auswirkungen auf die Ergebnisse, sondern auch auf den Prozess – wer ist verantwortlich für die Initiative, wo wird diese Person in Ihrem Unternehmen angesiedelt, und wie wird das Projekt durchgeführt.

Kosteneinsparung durch Big Data-Technologien

Wenn Ihr Hauptfokus auf Kosteneinsparungen liegt, dann wissen Sie sicher, dass MIPS (Millionen Instruktionen pro Sekunde, d. h. wie schnell ein Computersystem Daten verarbeitet) und Terabyte Speicher für strukturierte Daten heute äußerst preiswert aufgrund von Big Data-Technologien wie Hadoop-Cluster erhältlich sind (Hadoop ist eine plattformunabhängige Speicher- und Verarbeitungsumgebung für Big Data, die auf mehreren Servern verteilt ist; der Begriff wird in Kapitel 5 näher erklärt). Ein Unternehmen schätzte beispielsweise die Speicherkosten für 1 Terabyte pro Jahr auf 37.000 USD für eine klassische relationale Datenbank, 5.000 USD für eine Datenanwendung und lediglich 2.000 USD für ein Hadoop-Cluster – wobei letzteres in den meisten Fällen die schnellste Datenverarbeitung ermöglichte. In Kapitel 8 stelle ich weitere interessante Zahlen und Kosteneinsparungspotenziale vor.

Natürlich hinkt dieser Vergleich ein wenig, da die traditionellen Technologien zuverlässiger, sicherer und leichter zu verwalten sind. Und um ein neues Hadoop-Cluster mit zugehörigen Tools zu implementieren, benötigt man unter Umständen zusätzliches Personal, was Mehrinvestitionen erforderlich macht. GameStop hat sich gegen Hadoop entschieden, da das Unternehmen weder seine Ingenieure in der Software schulen noch externe Berater dafür verpflichten wollte.[1] Wenn diese Aspekte jedoch keine Rolle spielen – vielleicht haben Sie ja bereits entsprechend qualifizierte Mitarbeiter und die Anwendung benötigt keine großen Sicherheitsvorkehrungen –, könnte ein Hadoop-basierter Ansatz mit Big Data eine sehr günstige Variante für Ihr Unternehmen sein.

Wenn Sie primär Kosteneinsparungen erzielen möchten, ist die Entscheidung für Big Data-Tools die logische Konsequenz. Sie sollte von der IT-Abteilung nach technischen und ökonomischen Kriterien getroffen werden. Bei der Entscheidung sollten die Mitarbeiter darauf achten, dass sie das Kostenproblem aus einer umfassenden Perspektive betrachten und einen Gesamtbetriebskosten-Ansatz (Total Cost of Ownership) wählen. Gegebenenfalls könnten Sie noch bestimmte Anwender und Sponsoren in die Diskussion über die Vor- und Nachteile dieser Speicherart einbeziehen. Eingehende Diskussionen über die Zukunft Ihrer Branche können Sie sich jedoch sparen!

Für eine große amerikanische Bank sind beispielsweise Kosteneinsparungen das Hauptziel. Die Bank ist bekannt dafür, dass sie gerne mit neuen Technologien experimentiert, aber wie viele andere Institute auch ist sie etwas konservativer geworden. Die aktuelle Strategie der Bank besteht darin, einen reibungslosen und effektiven Geschäftsbetrieb bei möglichst niedrigen Kosten zu gewährleisten, sodass die Big Data-Pläne daran angepasst werden müssen. Die Bank verfolgt unterschiedliche Ziele im Zusammenhang mit Big Data, das Hauptziel besteht jedoch darin, „einen gewaltigen Zuwachs an Rechenleistung zu einem erschwinglichen Preis" zu ermöglichen. Die Bank kaufte also ein Hadoop-Cluster mit 50 Serverknoten und 800 Prozessorkernen, das ein Petabyte Daten verarbeiten kann. Das Unternehmen schätzt, im Vergleich zum klassischen Data-Warehouse eine Verzehnfachung der Einsparungen zu erzielen. Die meisten Datenwissenschaftler waren zwar bereits eingestellt worden, bevor der Begriff populär wurde, sind aber im Moment damit beschäftigt, bestehende Analyseverfahren für das Hadoop-Cluster in die Skriptsprache Hive umzuwandeln. Der Projektleiter erklärt:

> In unserer Situation war dieser Fokus genau richtig. Bei Finanzdienstleistungen sind unstrukturierte Daten sowieso dünn gesät, und mit strukturierten Daten leisten wir eine bessere Arbeit. Angetrieben vom Stand der Technik und Kostendruck in unserem Geschäft, werden wir uns kurz- bis mittelfristig auf die praktischen Aspekte konzentrieren, bei denen wir den ROI leicht ermitteln können. Kurzfristig müssen wir unsere Big Data-Projekte selbst finanzieren. Wir arbeiten im laufenden Geschäft und entwickeln immer schnellere und preiswertere Modelle. Dieser Ansatz ist intellektuell zwar weniger erquicklich, aber nachhaltiger! Wir hoffen, dadurch im Laufe der Zeit mehr Wert zu generieren und die Freiheit zu haben, auf dem Weg dorthin weitere interessante Dinge zu erkunden.[2]

Wenn Ihre Situation mit der der Bank vergleichbar ist, können Sie Ihren Hauptfokus ebenfalls auf Kosteneinsparungen legen. Lassen Sie sich nicht von den anderen Versuchungen durch Big Data ablenken. Ein klarer Fokus wird Ihnen helfen, Ihr Ziel zu erreichen.

Sie können Kosteneinsparungen auch zu Ihrem sekundären Ziel erklären. Ihr primäres Ziel bestünde dann beispielsweise darin, durch Big Data neue Produkte und Services zu entwickeln, um dann nach Erreichen dieses Ziels zu untersuchen, wie Sie dies zukünftig kostengünstiger tun können. Bei GroupM, der Mediaagentur von WPP, einem britischen Netzwerk von Werbedienstleistern und Medienunternehmen, war dies tatsächlich der Fall.[3] Das Unternehmen kauft weltweit mehr Anzeigenvolumen als alle anderen Organisationen und zeichnet mit Big Data-Tools auf, wer diese auf welchem Format anschaut. Das Konzept an sich ist sinnvoll, aber GroupM hat weltweit mehr als 120 Büros, und jedes führt seine Analysen mit eigenen Technologien durch. Die Einführung von Big Data-Tools für alle Standorte würde das Unternehmen mindestens eine Million USD kosten – pro Standort.

Statt diesem stark dezentralisierten Ansatz plant GroupM derzeit einen zentralisierten Big Data-Service am Standort New York. Das Unternehmen konzentriert sich auf 25 globale Märkte und plant etwas mehr als ein Drittel des Betrages dafür ein, den man für den dezentralisierten Ansatz hätte investieren müssen. In den nächsten

Jahren werden wir sicher weitere derartige Konsolidierungen beobachten können, da die Unternehmen, die den dezentralisierten Big Data-Ansatz verfolgt haben, gezwungen sein werden, die Kosten im Rahmen zu halten.

Zeiteinsparung durch Big Data-Technologien

Das zweite Ziel von Big Data-Werkzeugen ist die Verringerung der Zeit zur Ausführung bestimmte Prozesse. Macy's Anwendung zur Preisoptimierung seiner Artikel ist ein klassisches Beispiel für die Verkürzung komplexer und umfangreicher analytischer Berechnungen. Die Kaufhauskette konnte die Zeit für die Preisoptimierung seiner 73 Millionen Artikel von mehr als 27 auf etwas über eine Stunde reduzieren. Mit der Analyseanwendung *High-Performance Analytics* (HPA) des Softwareherstellers SAS kann Macy's damit die Preise seiner Artikel häufiger an veränderte Rahmenbedingungen anpassen. Theoretisch könnte ein Einzelhändler seine Preise sogar nach den täglichen Wetterbedingungen richten (obwohl eine elektronische Kennzeichnung dies erheblich erleichtern würde!).

Die HPA-Anwendung verwendet Daten aus einem Hadoop-Cluster und speichert sie in einer weiteren, parallelen EDV- und In-Memory-Architektur. Nach eigenen Angaben konnte Macy's dadurch bei der Hardware 70 % einsparen. Kerem Tomak, Vice President Analytics bei Macys.com, nutzt ein ähnliches Konzept zur Reduzierung der Zeit bei der Erstellung von Kundenangeboten. So erklärt er, dass das Unternehmen durch diese Einsparungen viel mehr Modelle entwickeln kann: „Hunderttausende Modelle für detaillierte Daten zu erzeugen, stellt im Vergleich zu 10, 20 oder 100 Modellen, wie wir sie in der Vergangenheit für aggregierte Daten erstellen konnten, in der Tat den Hauptunterschied zwischen dem, was heute möglich ist, und dem, was uns Hochleistungsrechner künftig ermöglichen werden."[4] Wie bei Big Data üblich, nutzt Tomak ebenfalls visuelle Analysetools für seine Big Data-Ergebnisse.

Ein Vermögensverwalter liefert ein weiteres Beispiel: In der Vergangenheit konnten die Finanzanalysten des Unternehmens ein Wertpapier einer Stadt oder eines Unternehmens analysieren und eine Risikoanalyse basierend auf 25 Variablen mit vielleicht 100 unterschiedlichen statistischen Simulationen durchführen. Eine Analyse mit 100 Variablen und einer Millionen Simulationen ist dem jedoch klar überlegen. Vor drei Jahren war dies noch nicht möglich, aber heute dauern derart detaillierte Analysen mit mehreren Billionen Berechnungen mit einer Big Data-Anwendung gerade mal 10 Minuten.

Der CIO des Unternehmens stellt heraus: „Der Hauptvorteil ist der schnelle Erkennungsprozess. Innerhalb von nur einer Minute kann ein Analyst Modelle entwickeln, durchführen, beobachten und bei Bedarf ändern. Früher brauchte man hierfür acht Stunden, sofern dies überhaupt möglich war. Die Gedankenführung ist viel kontinuierlicher, wodurch die Qualität der Recherche verbessert wird."[5]

Wenn Ihr Hauptaugenmerk auf Zeiteinsparung liegt, müssen Sie viel enger mit dem Verantwortlichen des entsprechenden Geschäftsprozesses zusammenarbeiten. Eine wichtige Frage ist auch, was Sie mit all dieser Zeit anfangen, die Sie einsparen. Gute Antworten auf diese Frage wären z. B.:

- Wir können viel mehr Modellierungen durchführen und ein besseres Verständnis für die Leistungstreiber in den Schlüsselbereichen entwickeln.
- Wir können unsere Modelle viel häufiger wiederholen und anpassen, um bessere Lösungen zu finden.
- Wir werden viel mehr Variablen und Daten verwenden, um Echtzeitangebote für unsere Kunden zu erstellen.
- Wir können viel schneller auf alle Eventualitäten in unserem Umfeld reagieren.

Entwicklung neuer Angebote

Das ehrgeizigste Ziel ist meiner Meinung nach die Nutzung der Daten zur Entwicklung neuer Produkte und Services. LinkedIn ist ein Vorreiter in diesem Bereich. Das Unternehmen hat mithilfe von Big Data und seinen Datenwissenschaftlern eine breite Palette von neuen Produktangeboten und Funktionen entwickelt. Mit ihnen konnte LinkedIn nicht nur Millionen Neukunden gewinnen, sondern diese auch an sich binden.

Google ist ein weiterer Spitzenreiter bei der Entwicklung von Produkten und Dienstleistungen auf der Basis von Big Data. Natürlich verfeinert das Unternehmen mit Big Data seine universelle Suche und die AdServing-Algorithmen. Darüber hinaus entwickelt es mithilfe von Big Data-Algorithmen permanent neue Produkte und Dienstleistungen für die Suchen oder zur Platzierung von Werbung, wie Gmail, Google+, Google Apps etc. In Kapitel 2 habe ich im Reiseszenario angesprochen, dass Google das selbst-fahrende Fahrzeug sogar als Big Data-Anwendung bezeichnet. Einige dieser Produktentwicklungen zahlen sich aus, andere wiederum nicht. Aber es gibt in diesem Bereich sicherlich kein produktiveres Unternehmen als Google.

Es gibt zahlreiche weitere Beispiele – in der Online- und Offline-Welt. General Electric nutzt Big Data hauptsächlich zur Verbesserung seiner Dienstleistungen und zur Optimierung seiner Serviceverträge und Wartungsintervalle für Industrieprodukte. Das Immobilienportal Zillow.com hat eine eigene Zestimate-Hausschätzfunktion, Mietkosten-Zestimates und einen nationalen Hauswertindex entwickelt. Netflix hat den Netflix-Preis für das Team von Datenwissenschaftlern ins Leben gerufen, das es schafft, den aktuellen Algorithmus für Kundenempfehlungen zu verbessern (siehe Kapitel 2) und verwendet Big Data mittlerweile zur Entwicklung eigener Inhalte. Das Prüfunternehmen Kaplan entwickelt mit Big Data ein System zum effektiven Lernen und zur Prüfungsvorbereitung. Novartis nutzt Big Data dazu, neue Medikamente zu entwickeln – in der Pharmaindustrie spricht man in diesem Zusammenhang von *Informatics*. CEO Joe Jimenez formulierte in einem Interview: „Vor dem Hintergrund der heute verfügbaren Datenmengen werden Kenntnisse in Bioinformatik immer wichtiger, ebenso wie die Fähigkeit, diese Daten anzapfen und beispielsweise die spezifischen Mutationen verstehen zu können, die zur Entstehung bestimmter Krebsarten führen."[7] Die Big Data-Aktivitäten dieser Unternehmen sind also direkt auf Produkte, Dienstleistungen und Kunden abgestimmt.

Das hat natürlich erhebliche Auswirkungen auf den organisatorischen Status von Big Data sowie auf die Prozesse und Geschwindigkeit neuer Produktentwicklungen. Wenn ein Unternehmen mit Big Data Produkte und Dienstleistungen entwickeln möchte, sollte es eine spezielle Plattform dafür schaffen, die aus einer Reihe von Tools, Technologien und vor allem Mitarbeitern besteht, die etwas von Big Data verstehen. Es ist ein Prozess zu implementieren, mit dem die neuen Produkte im kleinen Rahmen getestet werden können, bevor sie auf den Markt kommen. Bei der Entwicklung von Big Data-basierten Produkten und Dienstleistungen muss eng mit der Produktentwicklung und eventuell auch mit der Marketingabteilung zusammengearbeitet werden. Projekte dieser Art sollten von einer Führungskraft und nicht von einem Techniker oder Datenwissenschaftler geleitet werden.

Sobald Sie den Fokus Ihrer Big Data-Strategie auf die Entwicklung neuer Produkte oder Dienstleistungen legen, hat das Auswirkungen auf die finanzielle Bewertung Ihrer Aktivitäten. Produktentwicklungen gelten generell eher als Investitionen und bieten weniger Einsparmöglichkeiten. Mit dieser Ausrichtung spart man vielleicht kein Geld oder keine Zeit, aber sie wird dem Unternehmen mittel- oder langfristig möglicherweise bedeutende Umsatzzuwächse erbringen.

Unterstützung interner Unternehmensentscheidungen

Der Hauptzweck von traditionellen Analysen geringer Datenmengen war die Unterstützung von internen Unternehmensentscheidungen. Welche Angebote sollte man seinen Kunden unterbreiten? Welche Kunden werden wahrscheinlich bald abwandern? Welchen Lagerbestand sollte man vorrätig halten? Zu welchem Preis sollte man die Produkte anbieten?

Diese Art von Entscheidungen bleibt relevant, auch wenn neue weniger strukturierte Datenquellen für die Entscheidung herangezogen werden können. Die Versicherungsgesellschaft United Healthcare konzentriert sich beispielsweise auf die Zufriedenheit und mögliche Abwanderungstendenzen ihrer Kunden. Viele Unternehmen haben mithilfe traditioneller Analysen diesen wichtigen Faktor gemessen und analysiert. Aber viele Daten über die Empfindungen von Kunden sind unstrukturiert, insbesondere solche aus Sprachdateien von Kundenanrufen in Callcentern. Die Kundenzufriedenheit ist für Krankenversicherer zunehmend von Bedeutung, da sie von staatlichen Einrichtungen überwacht und beispielsweise von Verbraucherverbänden veröffentlicht wird. Aber bisher konnten wertvolle Telefondaten nicht analysiert werden.

United Healthcare wandelt diese Gesprächsdaten nun in Text um und analysiert sie mithilfe von Sprachtechnologien (natural language processing). Während der Analyse werden Kunden identifiziert, die Begriffe verwenden, die auf eine starke Unzufriedenheit hinweisen. Der Versicherer kann darauf reagieren, indem er den Kunden z. B. telefonisch nach dem Grund seiner Unzufriedenheit fragt. Die Fragestellung ist dieselbe wie früher (Wie erkennt man einen unzufriedenen Kunden?), aber heute werden andere Tools verwendet.

Drei große Finanzdienstleister – Wells Fargo, Bank of America und Discover – nutzen ebenfalls Big Data, um bestimmte Aspekte ihrer Kundenbeziehungen besser zu verstehen. In dieser Branche besteht die große Herausforderung darin, mehrkanalige Kundenbeziehungen zu erforschen: Sie verfolgen die Reisen der Kunden durch das Internet, Callcenter und bei Mitarbeitern am Bankschalter, um zu erfahren, welche Wege der Kunde durch das Unternehmen nimmt und welchen Einfluss dies auf den Kauf von Finanzdienstleistungen hat.

Die Datenquellen aus mehrkanaligen Kundenbeziehungen sind nicht oder nur teilweise strukturiert. Hierzu gehören Klicks auf Websites, Transaktionsbelege, Notizen von Mitarbeitern sowie Sprachaufzeichnungen aus Callcentern. Die Datenvolumina sind recht umfangreich: Eine der Banken verfügt über 12 Milliarden Datenreihen. Die Unternehmen beginnen, häufig gewählte Wege der Kunden zu verstehen und beschreiben diese mit Segmentbezeichnungen, um sicherzustellen, dass die Interaktionen mit dem Kunden gut sind und bringen sie in Korrelation mit Kundenpotenzialen und -problemen. Hierbei müssen komplexe Probleme und Entscheidungen analysiert werden, doch der mögliche Nutzen ist groß. Eine der Banken schätzt diesen auf eine Milliarde USD.

Geschäftsentscheidungen auf der Basis von Big Data können sich auch auf andere klassische Gebiete der Datenanalyse erstrecken, wie z. B. Logistik, Risikomanagement oder Preisgestaltung. Das Kriterium, das diese zu *big* Datenproblemen macht, ist die Verwendung von großen Mengen externer Daten zur Verbesserung der Analyse. Bei

Logistikentscheidungen nutzen Unternehmen zunehmend externe Daten, um Logistikrisiken zu messen und überwachen. Daten von Lieferanten liefern Informationen über die technischen Möglichkeiten des Lieferanten, seine Finanzlage, Qualitätsmanagement, Lieferzuverlässigkeit, Wetter- und politische Risiken oder seine Reputation. Die führenden Unternehmen überwachen darüber hinaus nicht nur ihre eigenen, sondern auch die Lieferanten ihrer Lieferanten.

Bei der Überwachung weiterer Risiken können Unternehmen auch Big Data-Quellen im Internet verwenden. In diesem Zusammenhang habe ich bereits das Unternehmen Recorded Future angesprochen. Die Geheimdienst-Kunden des Unternehmens überwachen Menschen (Terrorverdächtige), Ereignisse (Demonstrationen oder Ausschreitungen) und Vorhersagen (von Unruhen gegen die Regierung). Seine kommerziellen Kunden im Bereich Unternehmenssicherheit überwachen Proteste oder politische Unruhen, und die Marketing-Kunden überwachen Wettbewerbsaktivitäten und -veranstaltungen oder Vorhersagen, die die Kundennachfrage beeinflussen könnten.

Wettbewerbs- und Marktforschung waren früher eher intuitive Angelegenheiten, mit Big Data verändert sich das. Wenn man mehr und detailliertere Daten hat und diese systematisch analysiert, wird dies die strategischen Entscheidungen sehr wahrscheinlich verbessern. Joey Fitts, CEO von Matters Corp., erläutert: „Früher bestand die Markt- und Branchenforschung hauptsächlich darin, Firmenverzeichnisse zu lesen, die Informationen darüber lieferten, was ein bestimmtes Unternehmen *ist*. Sie boten grundlegende Informationen wie Standort, Telefonnummern, Branchencode oder Kreditwürdigkeit. Heute können wir jedoch erfahren, was ein Unternehmen am Markt *macht*. Marktfaktoren, die bisher verborgen blieben, sind jetzt sichtbar und ermöglichen Trendanalysen, Benchmarking, Segmentierung sowie die Erstellung von Modellen und Empfehlungen. Wir verfügen heute quasi in Echtzeit über Datensätze in einem erheblich größeren Maßstab. Unternehmen können agieren statt nur zu reagieren."[8]

Ein führender Softwarehersteller wollte beispielsweise mehr über den Partnersupport seiner Wettbewerber erfahren. Es beauftragte Matters Corp., die Marktaktivitäten in dieser Branche zu analysieren und das Netz aus unstrukturierten Daten über Partnerschaften und Plattformsupport zu entwirren. Dabei zeigte sich, dass der Wettbewerb dreimal so viel Beachtung bei seinen Kunden fand. Kunden anderer Unternehmen wurde also ein viel besseres Ökosystem an Partnerservices geboten. Diese Erkenntnis führte dazu, dass die Unternehmensleitung ein zusätzliches Budget von 100 Millionen USD einplante, um diese Wettbewerbslücke zu schließen. Nun konnte das Unternehmen die Auswirkungen seines Vorgehens und das allmähliche Schließen der Wettbewerbslücke mit denselben Tools überwachen.

Die Preisgestaltung war eines der ersten Gebiete, in denen die Datenanalyse mit Erfolg eingesetzt wurde. Nahezu jede Fluggesellschaft und Hotelkette verwendet heute Preisoptimierungstools, um für seine Kunden den besten Preis für einen Platz im Flugzeug oder ein Hotelzimmer zu ermitteln. Ursprünglich wurden die Preise mit internen strukturierten Daten optimiert – welche Waren verkauften sich in der Vergangenheit zu welchem Preis –, und auch heute noch ist das ein Schlüsselelement der Preispolitik. Hersteller von Software zur Preisoptimierung, wie z. B. PROS, ergänzen aber ihre Algorithmen heutzutage oft durch externe – und in gewisser Weise weniger strukturierte – Daten. So kann ein PROS-Anwender aus der Mineralölbranche beispielsweise Wetterdaten (die sich auf die Nachfrage auswirken könnten) und Wettbewerbspreise (aus dem Internet) in seine Preisalgorithmen integrieren.

Datenerkennung versus Produktion

Bei der Analyse von Big Data gibt es zwei Hauptaktivitäten, die sich im Wesentlichen am jeweiligen Entwicklungsstadium orientieren: Die erste Aktivität besteht in der *Erkennung*, d. h. den Inhalt der Daten und ihren potenziellen Nutzen für das Unternehmen zu verstehen, und die zweite ist die *Produktion*.

Datenerkennung

Lange Zeit war die Datenerkennung ein Teil der klassischen Datenanalyse. Vor dem Hintergrund der zunehmenden Herausforderungen im Management und neuen Geschäftsmöglichkeiten im Zusammenhang mit Big Data wird sie jedoch zu einer besonders wichtigen Aktivität. Und dafür werden andere Fähigkeiten, Organisationsstrukturen und Formen des Miteinanders benötigt als für die produktionsorientierte Arbeit mit Big Data.

Datenerkennung wird eher in den Unternehmensbereichen durchgeführt, die sich hauptsächlich mit Innovation, Produktentwicklung oder Forschung beschäftigen, und nicht in der IT-Abteilung. In einigen Unternehmen ist sie auch in einem „Datenlabor" oder einer von den übrigen Unternehmensressourcen isolierten „Analyse-Sandbox" angesiedelt.

Die geeigneten Mitarbeiter findet man üblicherweise in den datenintensivsten Unternehmensbereichen, beispielsweise in den Online- oder Vertriebsabteilungen bei Banken bzw. in der Marketingabteilung von Einzelhändlern und Konsumgüterherstellern. Sie kennen die neuesten Werkzeuge, wissen, wie man Datenexperimente entwickelt und überwacht und haben kein Problem damit, Niederlagen zu erleiden. Ein klassischer Datenwissenschaftler passt in dieses Profil.

Diese Kultur des Lernens und der Bereitschaft zu scheitern, zeichnet Pioniere aus. Sie lässt sich in manchen Unternehmern vielleicht schwer implementieren, ist jedoch auf Dauer unerlässlich. Außerdem muss ein Budget für die Datenerkennung zur Verfügung gestellt werden, ohne dass man gleich direkte oder messbare Ergebnisse vorweisen muss. Obwohl die Unternehmen ein Scheitern und zahlreiche Experimente in Kauf nehmen sollten, bedeutet das nicht, dass die Menschen in den Datenlaboren ziellos an irgendwelchen Projekten arbeiten. Nach Ansicht von Tom Redman, ehemaliger Datenanalyst der Bell Labs, sollte der organisatorische und kulturelle Fokus eines Datenlabors dem der Bell Labs vor mehreren Jahrzehnten entsprechen:

- Das Erfolgsgeheimnis der Bell Labs ist es, halbtags zu arbeiten. Und das Beste daran ist, dass man seine 12 Stunden dann abarbeiten kann, wann man möchte.

- Das Erfolgsgeheimnis der Bell Labs ist es, gute Ideen zu haben. Man braucht nur alle paar Jahre eine gute Idee. Diese sollte dann aber den Telefon-Service verbessern und wirklich großartig sein.
- Das Erfolgsgeheimnis eines guten Managers der Bell Labs ist es, die richtigen Mitarbeiter einzustellen, ihnen die richtigen Tools an die Hand zu geben, den korrekten Weg zu weisen und sich aus ihrer Arbeit weitgehend herauszuhalten.[9]

Das Ergebnis der Datenerkennung ist eine Idee, eine Vorstellung für ein neues Produkt, eine neue Dienstleistung, eine neue Funktion oder eine Hypothese (mit belastbaren Beweisen) zur Verbesserung eines bestehenden Geschäftsmodells. Damit lassen sich schrittweise Verbesserungen erzielen, anstatt auf den großen Durchbruch zu setzen. So könnte ein neuer Parameter ermittelt werden, um Abwanderungstendenzen von Kunden zu erkennen oder um Angebote zielgerichteter zu entwickeln. Wenn man nicht locker lässt, gute Mitarbeiter hat und eine kooperative Unternehmenskultur pflegt, wird man schließlich etwas Großes (*big*) finden.

Produktion

In der *Produktions*phase werden Big Data-Anwendungen auf die Produktionsprozesse angewandt. Dabei könnten beispielsweise neue Daten- und Bewertungskonzepte in Preisalgorithmen integriert oder eine neue Produkteigenschaft von der Betaphase hin zu einem voll ausgestatteten Angebot weiterentwickelt werden. Das setzt Skalierbarkeit, Zuverlässigkeit, Sicherheit und die Merkmale voraus, die Kunden, Partnern oder Behörden so wichtig sind.

Natürlich sollten nicht alle Ideen in Produktion gehen, denn nicht alle lassen sich mit der Kultur oder den Prozessen eines Unternehmens vereinbaren oder zahlen sich für das Unternehmen aus. Würde die Hälfte der Ideen in die Produktion gehen, wäre das schon zu viel des guten.

Auch wenn zu wenige Ideen umgesetzt werden, könnte sich dies als falsch erweisen. Vor Kurzem saß ich mit Mitarbeitern einer Gesundheitsorganisation zusammen, die viele Big Data-Forschungsprojekte durchgeführt hat, wie die Erfassung und Analyse von

Aufzeichnungen von Ärzten, Röntgenaufnahmen oder des Patientenverhaltens. Viele dieser Projekte hatten ein beachtliches Potenzial: Das elektronische Patientenaktensystem (EMR-System) war zwar gut geeignet, um Transaktionsdaten zu erfassen, aber weniger geeignet, um Daten zur Analyse zu exportieren. Jeder Versuch ging mit einem hohen zeitlichen und finanziellen Aufwand sowie einem hohen Maß an Frustration einher. Folglich schafften es nur wenige Forschungsprojekte bis ins Produktionsstadium. Das Unternehmen war sich seines Problems mit der Umsetzung von Datenerkennungs- zu Produktionsprojekten bewusst. Man hatte zwar viel Geld in das EMR-System investiert, aber noch nicht die erforderlichen Ressourcen und Zeit eingeplant, um auch ein Warehouse für klinische Daten zu erstellen.

Zudem sind bestimmte menschliche Fähigkeiten für die Entwicklung von Big Data-Anwendungen wichtig. Mitarbeiter in der Produktion unterscheiden sich nicht grundlegend von Menschen, die Dinge erkunden. Ein gewisses Verständnis von Analytics muss vorausgesetzt werden, aber ansonsten sind andere Qualifikationen notwendig. Sie sollten über Kompetenzen in der Integration neuer Anwendungen sowie von Soft- und Hardware in eine bestehende Architektur und in der Optimierung von Anwendungen verfügen. Sie finden diese Mitarbeiter eher in der IT-Abteilung, wo Kenntnisse des Datenmanagements, der IT-Governance sowie zur Systemzuverlässigkeit Voraussetzung sind. Natürlich möchten Unternehmen ihre Produktionsanwendungen nicht täglich ändern oder neue, nicht funktionierende Funktionen installieren. Daher braucht man eine Art von Test- und Versionsverwaltung. Da diese Art der sorgfältigen Datenprüfung jedoch Abläufe verlangsamen kann, kommt es häufig zur Frustration der beteiligten Mitarbeiter, insbesondere bei denen aus der Datenerkennung. Dennoch ist dieses zielgerichtete Vorgehen gerechtfertigt, denn in der Produktionsphase sollte keine Anwendung freigegeben werden, die noch jede Menge Fehler enthält.

Auch wenn die Produktion primär von den Mitarbeitern aus der IT-Abteilung sichergestellt wird, sie ist keine reine IT-Angelegenheit. Eine neue Vorgehensweise bei der Entscheidungsfindung in einem wichtigen Geschäftsprozess setzt durchaus einen organisatorischen Wandel in Gang bzw. die Wandlungsfähigkeit der Mitarbeiter voraus. Wenn man beispielsweise Preisalgorithmen ändert, muss auch sichergestellt sein, dass der Außendienst damit arbeiten kann. Neue Algorithmen zur Lageroptimierung nutzen nichts, wenn die Lagerleiter diese nicht auch verwenden. Allerdings machte UPS, ein Unternehmen, das ständig Entscheidungsprozesse zur Routenoptimierung verbessert, die Erfahrung, dass die Daten- und Analyseprobleme im Vergleich zur Einführung neuer Konzepte bei den vielen Tausend UPS-Fahrern relativ unbedeutend waren.

Ihr Portfolio an Big Data-Initiativen

In Kapitel 2 und 3 sollten Sie sich davon überzeugt haben, dass Big Data viele unterschiedliche Möglichkeiten bietet. Die meisten großen Organisationen nutzen wahrscheinlich mehr als eine davon.

Aber wie entwickelt man ein Portfolio mit Initiativen? Möchten Sie eine Kosten- oder Zeiteinsparung erzielen, datenbasierte Produkte und Dienstleistungen entwickeln oder bestehende Entscheidungsprozesse verbessern? Befinden Sie sich hier in der Entwicklungs- oder bereits in der Produktionsphase? Oder ist Big Data so wichtig für Sie, dass Sie gleichzeitig an mehreren Fronten arbeiten sollten?

Diese Fragen wurden bereits angesprochen. Die Antworten darauf bilden eine Matrix mit Zielen und Stadien von Big Data-Anwendungen (Tabelle 3.1).

	Datenerkennung	Produktion
Kosteneinsparungen		
Schnellere Entscheidungen		
Bessere Entscheidungen		
Produkt-/Serviceinnovation		

Tabelle 3.1: Ziele und Stadien von Big Data

Jedes dieser Ziele kann im Laufe der Entwicklungs- und Produktionsphasen angegangen werden. Wenn Ihr Ziel beispielsweise darin besteht, Big Data-Technologien zur Kostenreduktion zu verwenden, könnten Sie im Rahmen der Entwicklungsaktivitäten eine kleine Pilot- oder Machbarkeitsstudie (Proof-of-Concept) durchführen, um herauszufinden, ob Sie mit einem Hadoop-Cluster oder verwandten Technologien Kosten einsparen könnten. Wenn Sie überzeugt davon sind, Kosten einsparen zu wollen, werden Sie wahrscheinlich eine Untersuchung der Gesamtbetriebskosten (Total Cost of Ownership, TCO) durchführen, inklusive Personalkosten für die Programmierung und Gestaltung der Big Data-Umgebung. Bei einem positiven Untersuchungsergebnis wäre der nächste Schritt die komplette Einführung des Hadoop-Clusters für bestimmte Produktionsanwendungen.

Nun möchte ich ein Beispiel für einen ambitionierteren Ansatz geben: Angenommen, Sie möchten bestimmte Produkte und Dienstleistungen mit Big Data neu erfinden oder erheblich verbessern. Natürlich müssen Sie entscheiden, ob die Produkte oder Dienstleistungen für Sie sinnvoll sind und welche davon Impulsgeber für Big Data sein könnten. So konzentriert sich GE beispielsweise auf „Dinge, die sich drehen", wie Turbinen und Motoren für Lokomotiven, zur Generierung von Servicedaten. Da GE einen Großteil seines Geldes mit dem Kundendienst verdient, lag die Entscheidung, sich auf die Verbesserung von Serviceprozessen zu konzentrieren, auf der Hand. Man kann getrost sagen, dass sich GE noch in der Entwicklungsphase und im Abstimmungsprozess von Mitarbeitern und Infrastruktur befindet. Dennoch sammelt das Unternehmen viele Daten aus Sensoren und ist wahrscheinlich nicht weit davon entfernt, mit Big Data-basierten Services in die Produktionsphase einzutreten. Schon heute bietet GE anderen Unternehmen seine Kompetenz auf diesem Gebiet unter den Marken „Predicity" und „Datalandia" an. Wie Sie sich vorstellen können, ist dieses Vorhaben recht kostspielig. GE hat hier einige Milliarden USD investiert.

Doch zurück zu unserer Matrix. Die Felder in Tabelle 3.1 schließen sich nicht gegenseitig aus, obwohl man bei Big Data zunächst einen Fokus entwickeln und die Entwicklungsphase natürlich der Produktionsphase vorausgehen sollte. So untersucht GE Kosten- und Zeiteinsparungspotenziale mithilfe der Big Data-Technologie, obwohl der Hauptfokus der Initiative auf Serviceinnovationen bei Industrieprodukten liegt.

Amadeus, ein führender Anbieter von Reiseinformationen, ist ein weiteres Beispiel für ein Unternehmen mit einer mehrgleisigen Initiative. Laut Aussagen der Manager von Amadeus hat sich das Unternehmen bereits mit Big Data beschäftigt, bevor Big Data wirklich *big* war – und die Fakten belegen dies. Das Datenzentrum in Erding bei München verwaltet täglich mehr als 370 Millionen Reisetransaktionen und bearbeitet ca. 2,5 Millionen Buchungen. Zu jedem beliebigen Zeitpunkt sind ca. 56 Millionen Passagiernamen im System aktiv.[10] Da Reisen immer komplexer werden und Reisende zunehmend selbst buchen, benötigen die Kunden Unterstützung, um sich durch die verschiedenen Optionen zu navigieren. Aus diesem Grund liegt der Hauptfokus der Big Data-Aktivitäten bei Amadeus auf einem unkomplizierten Suchprozess und gezielten Reiseangeboten für den Kunden – mit anderen Worten auf Produkt- und Serviceinnovation.

Neben der Verwendung von Big Data für Produkt-/Serviceinnovationen arbeitet Amadeus auch in den anderen Feldern der Matrix. Im Laufe der letzten Jahre hat beispielweise die IT-Abteilung Big Data-Technologien implementiert, wie nicht-relationale Datenbanken, Open Source-Datenmanagement-Tools oder verteilte Serverarchitekturen, und nach Möglichkeiten gesucht, um Kosten zu reduzieren und die Reaktionszeit für Kunden zu minimieren. Die durchschnittliche Reaktionszeit bei einer Amadeus-Anfrage liegt bei 300 Millisekunden. IT-Architekten möchten diese Reaktionszeit auch bei noch größeren Datenmengen erhalten.

Schließlich kooperiert Amadeus mit seinen Kunden, um Big Data für bessere Entscheidungen zu nutzen. Bei Fluggesellschaften funktioniert dies beispielsweise bei der Optimierung von Websites durch das Testen unterschiedlicher Versionen und die Untersuchung von Kundenpräferenzen hinsichtlich der Buchungskanäle (Terminal im Vergleich zum Reisebüro am Flughafen), Check-in-Zeiten und vielen anderen Aspekten. Über die Passagier- und Flugaufzeichnungen in seinen eigenen Systemen sammelt das Unternehmen Daten über 50 weitere Aspekte des Reisens und kombiniert unterschiedliche Datenarten, um effizientere Entscheidungen treffen zu können.

Zuständigkeiten

Die unterschiedlichen Ziele und Projektphasen im Zusammenhang mit Big Data erfordern unterschiedliche Rollen und Fähigkeiten. Tabelle 3.2 zeigt eine Matrix mit unterschiedlichen Zielen und Phasen sowie mögliche Verantwortliche für die einzelnen Kombinationen. Big Data-Projekte, mit denen beispielsweise Entscheidungen verbessert oder beschleunigt werden sollen, werden eher im Verantwortungsbereich von Analysten liegen, die nah am Geschäft und an Entscheidungsträgern sind. Für die tatsächliche Produktionsimplementierung solcher Projekte muss aber der Manager verantwortlich sein, der die Entscheidung trifft oder ausführt. Diese Verantwortlichkeiten sind lediglich Vorschläge für eine mögliche Organisation.

	Datenerkennung	**Produktion**
Kosteneinsparungen	IT-Innovationsgruppe	IT-Architektur und -Betrieb
Schnellere Entscheidungen	Unternehmensbereich oder Analysegruppe einer Unternehmensfunktion	Unternehmensbereich oder Funktionsmanager
Bessere Entscheidungen	Unternehmensbereich oder Analysegruppe einer Unternehmensfunktion	Unternehmensbereich oder Funktionsmanager
Produkt-/Serviceinnovation	F&E oder Produktentwicklungsgruppe	Produktentwicklung oder Produktmanagement

Tabelle 3.2: Zuständigkeiten bei Big Data-Projekten

Einsatzbereiche für Big Data

Wo liegen also die Chancen, wenn Sie Big Data erfolgreich in Ihrem Unternehmen nutzen möchten? Es ist sinnvoll, bei der Beantwortung dieser Frage zwei Perspektiven einzunehmen. Erstens: Betrachten Sie alles aus der Datenperspektive. Sitzen Sie auf einer Goldmine von Daten, die Ihre Strategie formen oder verändern könnte? Falls Sie bei einer Versicherung arbeiten, verfügen Sie unter Umständen über eine Vielzahl von Daten zu Erstattungen, die noch nicht analysiert wurden. Sind Sie in einer Privatkundenbank tätig, verfügen Sie zweifellos über eine Menge von Daten über Zahlungen, mit denen Sie bisher nicht viel angefangen haben. Ist die Produktion Ihr Metier, dann liegen Ihnen eventuell große Datenmengen aus den Maschinen vor, die Sie aber noch nicht zur Prozessoptimierung verwenden. Mit Big Data-Technologien können Sie einen Teil dieser ungenutzten Daten endlich analysieren, was große Auswirkungen auf Ihr Geschäft haben könnte.

Zweitens: Verfolgen Sie von allen verfügbaren Big Data-Anwendungen nur die, die Sie auch wirklich brauchen. Bei diesem bewährten strategischen Ansatz arbeiten Sie Ihre Unternehmensstrategie durch und halten Ziele und Aktivitäten fest, die sich mit Big Data voranbringen lassen. Wenn der Schwerpunkt Ihrer Strategie beispielsweise darauf liegt, die Bedürfnisse von Verbrauchern besser vorherzusagen und ihnen besser gerecht zu werden, dann werden Sie eventuell auf externe Daten stoßen, die Sie auf präzisere Bedarfssignale untersuchen könnten. Liegt Ihr strategischer Fokus auf der Verbesserung der Logistik, könnten Sie unterschiedliche Arten von Sensordaten nutzen und herausfinden, wo genau und in welchem Zustand sich Ihre Waren befinden.

Neustar, ein Anbieter von Datenmanagement- und Analyselösungen für große Telekommunikationsanwendungen, ist ein gutes Beispiel dafür, wie man dieses Problem von beiden Seiten gleichzeitig angehen kann. Früher verwaltete das Unternehmen, eine Ausgründung des Technologie- und Rüstungskonzerns Lockheed Martin, wichtige Daten und Transaktionen, wie z. B. amerikanische Telefonnummern, Portierungen von Telefonnummern, Internetdomains, Anruf- und Textweiterleitung im GSM-Format etc. Trotz der Vielzahl an wichtigen Daten hatten diese Systeme keine Sicherheitslücken.

Als Lisa Hook 2010 als CEO antrat, stellte sie fest, dass das Unternehmen im Bereich Telekommunikationsdienste bald an seine Grenzen stoßen würde.[11] Sie wollte das Unternehmen neu ausrichten und künftig Daten, Erkenntnisse und Dienstleistungen außerhalb der Telekommunikation anbieten. Manche Ideen für den neuen strategischen Fokus kamen von Kunden. Neustar fing an, auf der Basis von Kundeninformationen, Datendienste und Kundenfeedback abzufragen. Telekommunikationsunternehmen machten sich Gedanken darüber, was ihnen ihre eigenen Daten darüber verraten, ob bestimmte Kunden möglicherweise ihre Rechnungen nicht bezahlen würden und – um Zahlungsausfälle zu vermeiden – daher engmaschiger kontrolliert werden sollten. Anbieter von Kabeldiensten wollten herausfinden, wie wahrscheinlich es ist, dass ein Kunde Interesse an einem Upgrade zu einem Triple-Play-Angebot hat. Andere wollten eher herauszufinden, wie sie effektiver mit ihren Kunden kommunizieren können. Lisa Hook erkannte einen steigenden Bedarf an derartigen Erkenntnissen und Datenanalysen.

Unter ihren Mitarbeitern fand Lisa Hook eine Reihe von Kollegen, die große, autoritative Datenbanken entwickeln und pflegen konnten, aber nur wenige, die über Kenntnisse im Bereich der Datenwissenschaft oder Analytics verfügten. Die Lösung für diesen Mitarbeiterengpass lag ganz in der Nähe von Neustars Standort im Norden von Virginia. Die Firma TARGUSinfo mit ähnlichem Telekommunikationsschwerpunkt hatte sich neu in Richtung Marketinganalysen ausgerichtet. Dort hatte man sich ein Bild des gesamten Marketingprozesses gemacht, von der Neukundengewinnung bis zur Kundenbindung, und konnte seinen Kunden in diesem Bereich professionelle Unterstützung anbieten. Im Oktober 2011 wurde das Unternehmen von Neustar übernommen wurde.

Die Akquisition zahlte sich aus. TARGUSinfo verfügte bereits über ein Entwicklungsverfahren für datengesteuerte Produkte und Dienstleistungen in Form eines Katalogs mit verfügbaren Daten, deren Herkunft sowie der zulässigen Verwendung. Auf der Basis dieser Verfahren entwickelte Neustar sein eigenes System. Neustar verfügt über Unmengen unstrukturierter Daten – in Hadoop-Clustern – und analysiert diese, um herauszufinden, wie man diese am besten in Produkte einfließen lassen kann. Hierfür setzte Neustar Datenwissenschaftler in den neu geschaffenen Neustar Labs an der Universität Illinois ein.

Ich fragte Lisa Hook nach dem Prozess der Produktentwicklung – ob man zunächst mit den Daten beginnt und dann versucht herauszufinden, welche davon einen Wert für das Unternehmen haben, oder ob man von den Kundenbedürfnissen ausgeht und eine Lösung in den vorhandenen Daten sucht. Sie gab die meiner Meinung nach richtige Antwort: „Beides. Manchmal sogar gleichzeitig." Da einige ihrer Mitarbeiter den potenziellen Wert der Daten kennen und andere wiederum wissen, welche Bedürfnisse die Kunden haben, können sie bei der Entwicklung neuer Produkte und Dienstleistungen zusammenarbeiten.

Vorgehensweise

Als letzten Aspekt Ihrer Big Data-Initiative möchte ich erläutern, wie schnell und wie aggressiv Sie am besten vorgehen. Sollten Sie sich kopfüber in die Thematik stürzen oder eher vorsichtig vorgehen? Sollten Sie mit mehreren Projekten gleichzeitig beginnen oder zunächst mit einem starten? Sollten Sie eine Gruppe von Datenwissenschaftlern einstellen oder zunächst einmal mit einem oder zwei Leiharbeitskräften oder freien Mitarbeitern beginnen? Die Antworten sind abhängig von Ihrer Branche, den Big Data-Aktivitäten Ihres Wettbewerbs und davon, wie technisch innovativ Ihre Organisation sein möchte. Nachstehend beschreibe ich drei Stufen der Geschwindigkeit und Aggressivität bei der Einführung von Big Data.

Mit welcher Geschwindigkeit sollte man Big Data am besten einführen?

Sie sollten konservativ vorgehen, wenn:
- Ihre Wettbewerber nicht viel mit Big Data arbeiten,
- Technologie in Ihrer Branche in der Vergangenheit nicht der Treiber von Veränderungen war,
- Sie über nur wenige Daten über Kunden oder andere wichtige Wirtschaftseinheiten verfügen,
- Ihr Unternehmen normalerweise kein Pionier von Brancheninnovationen ist.

Sie sollten vorsichtig offensiv vorgehen, wenn:
- Ihre Branche sich bereits aktiv mit Big Data oder Analytics beschäftigt,
- Sie dem Wettbewerb weiterhin voraus sein möchten,
- sich Ihr Unternehmen normalerweise leicht tut mit Technologie und Daten,
- Sie qualifizierte Mitarbeiter haben, die Big Data-Projekte übernehmen können.

Sie sollten offensiv vorgehen, wenn:
- ein Wettbewerber bereits sehr offensiv agiert,
- man Ihr Unternehmen bereits bisher als analytisch eingeschätzt hat,
- Sie Ihre Branche schon früher mithilfe von Technologien umgestaltet haben,
- Sie bereits alle erforderlichen Fähigkeiten miteinander kombiniert haben.

Konservativer Ansatz mit Big Data

Fast alle mir bekannten Unternehmen sollten mindestens einen konservativen Ansatz für Big Data wählen. Die konservative Vorgehensweise ist vielleicht gerechtfertigt, wenn Sie nicht direkt mit Endkunden arbeiten, wenn Ihr Wettbewerb in puncto Big Data nicht vorauseilt, wenn Technologie in der Vergangenheit nicht der wesentliche Veränderungsfaktor Ihrer Branche war oder wenn Ihr Unternehmen bei Innovationen generell anderen in der Branche den Vortritt lässt.

Aber selbst für eine konservative Vorgehensweise muss man das Thema und den möglichen Stellenwert im Geschäfts- oder Organisationsmodell untersuchen. Hierbei sollten beide Perspektiven verfolgt werden: die Beurteilung, welche Arten großer oder unstrukturierter Datenmengen bereits vorhanden sind, und für was Big Data bei der aktuellen Strategie nützlich sein könnte. Falls Sie hierfür nicht über die erforderlichen internen Ressourcen verfügen, bieten Ihnen die Berater großer Big Data-orientierter Unternehmen wie Deloitte, Accenture oder IBM Global Business Services sicher gerne Unterstützung an. Außerdem sollten Sie Ihr Management über Big Data schulen. Ich habe nicht nur Vorträge für Führungskräfte gehalten, sondern auch für Mitglieder des Vorstands, für Gesellschafter und große Kunden des Unternehmens. Man kann nicht früh genug mit der Meinungsbildung der Hauptbeteiligten beginnen.

Das Ziel des konservativen Vorgehens ist es, den wahrscheinlichen Verlauf von Big Data in Ihrem Unternehmen und der gesamten Branche zu ermitteln sowie Interesse und Motivation dafür zu wecken. Ich gehe aber davon aus, dass die Bedingungen für den beschriebenen konservativen Ansatz bald nicht mehr gegeben sein werden – vor allem dann, wenn beispielsweise ein Wettbewerber über Stellenanzeigen Datenwissenschaftler sucht. Dann werden Sie ganz selbstverständlich zu einem offensiveren Ansatz wechseln.

Vorsichtig offensiver Ansatz mit Big Data

Ein moderater Ansatz ist geeignet, wenn Ihre Branche im Bereich Big Data bereits aktiv ist (meiner Meinung nach fallen die Tourismus- und Verkehrsbranche, das Gesundheitswesen, Konsumgüterhersteller und Finanzdienstleister in diese Kategorie) und Sie wettbewerbsfähig bleiben möchten, ohne jedoch eine führende Position einnehmen zu wollen. Diesen Ansatz können Sie auch wählen, wenn Ihre Branche eher träge ist, Sie aber die Führungsposition übernehmen oder halten möchten.

Bei einem vorsichtig offensiven Ansatz untersuchen Sie mehrere unterschiedliche Projekte, wovon mindestens eines dem Ziel einer Produkt-/Serviceinnovation dienen sollte. Man kann erwarten, dass innerhalb eines Jahres ein oder zwei dieser Projekte in die Produktionsphase kommen. Sie sollten bereits Big Data-Technologie angeschafft haben, wie z. B. ein Hadoop-Cluster. Vorsichtig offensiv bedeutet auch, dass Sie datenwissenschaftliche Voraussetzungen geschaffen und einige Mitarbeiter mit der entsprechendem Qualifikation eingestellt haben.

Zudem sollten Sie bereits einige Herausforderungen, die Big Data an Ihre Organisation stellt, durchdacht haben. Ihnen ist beispielsweise klar, wie das Verhältnis Ihrer Datenwissenschaftler zu den traditionellen quantitativen Analysten sein wird. Und Sie haben umfangreiche Überlegungen angestellt, wie ein Projekt von der Entwicklungs- in die Produktionsphase übergeht. Auseinandersetzungen zwischen der traditionellen IT- und der Big Data-Gruppe sollten Sie zu verhindern wissen.

Äußerst ambitionierter Ansatz mit Big Data

Unternehmen wie Amadeus, GE und insbesondere Online-Firmen wie Google, LinkedIn und eBay verfolgen einen äußerst offensiven Ansatz mit Big Data. Hal Varian, Chefökonom bei Google, formuliert es so: „Wir sind im Datengeschäft tätig." Für Online-Geschäfte, die große Mengen an Clickstream-Daten erzeugen, liegt das auf der Hand. Für Hersteller von Industrieprodukten ist dies jedoch eher eine ambitionierte Vorgehensweise.

Möchten Sie zum harten Kern der Big Data-Anwender gehören, dann benötigen Sie viele Projekte und Fähigkeiten, und Sie müssen viel Geld investieren. Ich habe bereits die Milliarden-Investition von GE für ein neues Big Data-Zentrum erwähnt. Bei Amadeus beschäftigen sich fast alle wichtigen Unternehmensfunktionen mit der Erkundung oder Produktion von Big Data. Obwohl LinkedIn mit etwa 7.000 Mitarbeitern ein relativ kleines Unternehmen ist, beschäftigt es mehr als 100 Datenwissenschaftler. Bei Google arbeiten sogar mehr als 600.

Wenn Sie feststellen, dass Ihnen ein Wettbewerber voraus ist, sind Sie eventuell bestrebt, Ihr Engagement für Big Data mit der Kategorie „Äußerst ambitioniert" zu beschleunigen. Was würden Sie als CEO von Siemens (einem traditionellen Wettbewerber von GE) tun, wenn Sie von GE's 2 Milliarden-Investition für industrielles Big Data erfahren? Ich hoffe, dass man sich bei Siemens hierüber ernsthafte Gedanken macht. Darüber hinaus könnten Sie den Umfang Ihres Engagements überdenken, wenn Big Data Ihre Produktkategorie umgestaltet. Wenn ich beispielsweise Ford, GM, Fiat/Chrysler, Volkswagen oder ein anderes großes Automobilunternehmen wäre, würde ich die Einführung von Google's selbst-fahrenden Fahrzeugen mit großer Sorge beobachten. Ich würde eine Menge Energie und Ressourcen investieren, um mit den Big Data-Bemühungen von Google gleichzuziehen oder sogar die Führung zu übernehmen. Einige Automobilunternehmen, vor allem Daimler, sind hier bereits aktiv.

Ich habe versucht, Ihnen einige Denkanstöße für eine individuelle Big Data-Strategie zu geben. Sie können nun zwischen mindestens vier verschiedenen Zielen wählen und zwei unterschiedliche Big Data-Phasen in Erwägung ziehen. Sie haben Ansätze zur Auswahl von Anwendungen und drei verschiedene Aggressivitätsstufen für die Big Data-Umsetzung kennengelernt. Kurzum, Sie verfügen jetzt über genügend Optionen und können die entsprechenden Entscheidungen für Ihr Unternehmen treffen. Unabhängig davon, welche Strategie und welches Portfolio an Initiativen Sie mit Big Data verfolgen, Sie werden auf jeden Fall eine Reihe qualifizierter Mitarbeiter dafür benötigen. Dies wird in Kapitel 4 zur Sprache kommen.

AKTIONSPLAN FÜR MANAGER

Entwicklung einer Big Data-Strategie

- Sind Sie hauptsächlich am Kosteneinsparungspotenzial von Big Data interessiert, an der potenziellen Verbesserung der Entscheidungsfindung oder der Möglichkeit, damit neue Produkte und Dienstleistungen zu entwickeln?
- Wenn Ihr Schwerpunkt auf einer verbesserten Entscheidungsfindung liegt, möchten Sie die gleichen Entscheidungen schneller oder bessere Entscheidungen mit mehr Daten und Analysen treffen?
- Verfügen Sie über ein Portfolio an Projekten, mit denen Sie jedes dieser Ziele in der Entwicklungs- und Produktionsphase verfolgen können?
- Haben Sie in Ihrer Organisation festgelegt, wie offensiv Sie bei Big Data vorgehen und wie Sie neue Anwendungen implementieren möchten?
- Gibt es ein anderes Unternehmen in Ihrer oder einer verwandten Branche, das mehr als Sie in diese Technologie investiert?

4

Der menschliche Aspekt von Big Data

Wenn Sie in Ihrem Unternehmen mit Big Data etwas bewegen möchten, sollten Sie unbedingt den wichtigsten Faktor beachten: den Mensch! Schließlich sind alle anderen Faktoren der Big Data-Produktion kostenlos oder durchaus preiswert zu haben. Die Software ist häufig Open Source, und als Hardware sind standardisierte Systeme verfügbar. Die Daten sind entweder bereits im Unternehmen vorhanden oder günstig zu beschaffen. Natürlich gibt es Ausnahmen. Qualifizierte Mitarbeiter für Big Data-Projekte sind dagegen schwer zu finden und beziehen zudem hohe Gehälter. Sie werden jedoch für die anstehenden Veränderungen benötigt.

Bisher lag der menschliche Fokus bei Big Data primär auf Datenwissenschaftlern bzw. auf Mitarbeitern, die die Anwendungen und Modelle erstellen. Big Data bringt jedoch auch Veränderungen für die Mitarbeiter mit sich, die ein Unternehmen leiten und Entscheidungen basierend auf Big Data treffen. Und wie in anderen Bereichen auch prägt gerade das Management eines Unternehmens effektive (oder ineffektive) Bemühungen bei der Nutzung von Big Data. Es ist sicher noch zu früh, um über Managementprobleme mit Big Data zu spekulieren, aber ich werde im weiteren Verlauf dieses Kapitels trotzdem näher darauf eingehen.

Neben den Kriterien, die Datenwissenschaftler und Big Data-Manager zu erfüllen haben, werde ich in diesem Kapitel auch einige Ideen vorstellen, wie man qualifizierte Mitarbeiter für diese Projekte einstellt, ausbildet und bindet. Dies ist eines der schwierigsten Probleme für Unternehmen, die Big Data-Initiativen starten möchten.

Sind Datenwissenschaftler wirklich neu?

In Gesprächen mit Managern über Big Data höre ich oft, dass Datenwissenschaftler eigentlich gar kein neues Phänomen seien. Viele Unternehmen beschäftigen in der Tat schon seit vielen Jahrzehnten quantitative Analysten zur Datenaufbereitung und -verwaltung. Blaise Heltai ist Doktor der Mathematik und arbeitet heute als Big Data-Berater. Bevor er 1986 zu den Bell Labs wechselte, unterrichtete er Mathematik. In einem Interview erklärt er, wie die Arbeit von Datenwissenschaftlern in dieser illustren Institution aussah:

> Zunächst musste man Daten aus komplexen Technologien extrahieren, bevor man sie analysieren konnte – häufig verwendete man hierfür dieselbe Art von Skriptsprache wie heute auch. Die Datenmengen waren häufig bereits sehr groß – ich erinnere mich daran, Telefongebühren mithilfe von Anrufinformationen einer bestimmten Vermittlungszentrale zu analysieren, und das war ein klassisches Big Data-Problem. Wir beschäftigten uns viel mit Maßnahmen und Modellen zur Optimierung im Bereich Finanzen und Anrufverfolgung. Wie bei einigen Big Data-Projekten heute haben wir auch damals an neuen Produktangeboten gearbeitet. Wir führten Wirtschaftlichkeitsberechnungen für die Nachfrage nach neuen Telekommunikationsdiensten durch, begleiteten Feldversuche bzw. neue

> Dienste, testeten die ersten Smartphones und machten die ersten erfolgreichen Video-on-Demand-Experimente. Unsere Arbeit enthielt also alle Elemente von Big Data und Datenwissenschaft, sodass es Datenwissenschaftler eigentlich schon eine ganze Weile gibt.[1]

Meiner Meinung nach gab es diese Fertigkeiten schon früher, sie waren nur noch nicht so weit verbreitet. Bell Labs und ein paar andere wissenschaftlich-orientierte Organisationen verfügten bereits darüber, aber weitaus mehr Unternehmen wollen sie heute erlangen. Die heutige Situation lässt sich eher als drastisch gestiegene Nachfrage nach Datenwissenschaftlern statt als Neuerfindung dieser Rolle beschreiben.

Das klassische Modell des Datenwissenschaftlers

Die Rolle des Datenwissenschaftlers wurde um 2010 immer wichtiger in Unternehmen – hauptsächlich in der San Francisco Bay Area –, die sich mit der Nutzung von Online- und Social Media-Daten beschäftigten. Es waren hitzige Zeiten; Unternehmen stapelten förmlich Daten, und es kamen viele neue Technologien zum Speichern, Verarbeiten und zur Analyse von Daten auf; viele davon waren von Datenwissenschaftlern entwickelt worden.

Im Zentrum des Datenwissenschaftler-Modells stand die Vorstellung, dass alle erforderlichen Qualifikationen in einer Person vereint sind. Natürlich gibt es diese Spezialisten, und im Verlauf des Kapitels werde ich Ihnen einige davon vorstellen. Da sie aber dünn gesät sind, werde ich Ihnen die Eigenschaften und Stärken dieser „Helden" aufzeigen, Ihnen aber vor allem ein paar realistischere Konzepte vorstellen, mit denen man die erforderlichen Fähigkeiten entwickeln kann.

Der klassische Datenwissenschaftler erfüllt im Wesentlichen fünf Kriterien: Er ist Hacker, Wissenschaftler, quantitativer Analyst, vertrauenswürdiger Berater und Wirtschaftsexperte. Lassen Sie uns diese Kriterien zunächst einzeln betrachten, bevor wir uns Kombinationen dieser fünf Merkmale an realen Personen ansehen.

Kriterien für Datenwissenschaftler
Hacker • Kann kodieren • Kennt sich mit Architekturen für Big Data-Technologien aus
Wissenschaftler • Evidenzbasierte Entscheidungsfindung • Improvisation • Ungeduldig und handlungsorientiert
Vertrauenswürdiger Berater • Ausgeprägte Kommunikations- und zwischenmenschliche Fähigkeiten • Kann Entscheidungen formulieren und Entscheidungsprozesse nachvollziehen
Quantitativer Analyst • Statistische Analyse • Visuelle Analysen • Maschinelles Lernen • Analyse unstrukturierter Daten, z. B. von Text, Videos oder Bildern
Wirtschaftsexperte • Kennt die Branche und weiß, wie man Geld verdient • Hat ein gutes Gespür für Anwendungsmöglichkeiten von Analytics und Big Data

Hacker

Da Big Data-Technologien neu sind und sich Daten meist nicht so leicht extrahieren und zur Analyse umwandeln lassen, zeichnet sich ein Datenwissenschaftler auch durch gewisse Hackereigenschaften aus. So muss er vor allem kodieren und programmieren können. Ein leitender Datenwissenschaftler sagte mir einmal, dass er Datenwissenschaftler im Bewerbungsgespräch immer erst frage: „Können Sie kodieren?" Erfahrungen mit einer Programmiersprache sind nützlich, aber am sinnvollsten sind Kenntnisse in Skriptsprachen wie Python, Hive und Pig bzw. Java. Diese Skriptsprachen sind relativ einfach zu programmieren und zeichnen sich durch Funktionen zur Aufteilung großer Datenverarbeitungsprobleme in einem verteilten MapReduce-Framework aus.

Auch sind Kenntnisse der geläufigen Big Data-Technologien erforderlich. An erster Stelle steht hier die Hadoop/MapReduce-Familie. Der Datenwissenschaftler sollte wissen, wie diese implementiert und skaliert werden, und ob sie vor Ort oder in der Cloud bereitgestellt werden sollten. Diese Technologien sind neu und entwickeln sich schnell weiter, sodass ein Datenwissenschaftler offen für neue Tools und Konzepte sein sollte.

Selbstverständlich ist das Hacken nur in einem sinnvollen betriebswirtschaftlichen Kontext nützlich. Wie Jake Porway – ein Datenwissenschaftler, der sich auf nicht-kommerzielle Big Data-Anwendungen konzentriert – in seinem Blog über ein Gespräch zum Thema *Hackathons* (Programmiermarathons, die viele Start-ups und Online-Unternehmen veranstalten, um kreatives Feedback von Anwendern und Anregungen für einen möglichen Einsatz von Daten zu erhalten) schreibt:

> „Wir haben eine große Menge an Daten, wissen aber nicht, was wir damit machen sollen." Der Direktor der Stiftung schaute mich traurig an. „Wir denken gerade darüber nach, einen Hackathon oder vielleicht auch einen App-Wettbewerb zu veranstalten", sagte er lächelnd. Seine Mitarbeiter nickten eifrig. Mich schüttelte es bei dem Gedanken, da ich derartige Gespräche jede Woche führe. Wenn eine Organisation mit Daten überschwemmt wird, ist sie – unabhängig davon, ob es sich um eine gemeinnützige in der Gesundheitsbranche, eine staatliche Institution oder ein Technologieunternehmen handelt – bestrebt, die Erkenntnisse durch Big Data zu nutzen. Immer häufiger werden dann Hackathons veranstaltet, Wochenendveranstaltungen, bei denen Programmierer, Computerfreaks und Designer gemeinsam in nur 48 Stunden neue Softwarelösungen oder Ideen entwickeln. Es spricht sicherlich vieles für Hackathons: Sie sind eine tolle Gelegenheit für die Community, Geld und Ruhm für ihre Lösungen zu erhalten, und für die Unternehmen, ohne großen Kostenaufwand Kontakt zu fleißigen Spezialisten zu knüpfen, mit denen sie normalerweise nichts zu tun hätten. Trotz all dieser Vorteile sind Hackathons aber nicht der beste Weg zur Lösung großer Probleme, wie der Linderung von Armut, der Reformierung von politischen Verhältnissen oder der Verbesserung des Bildungssystems. Und wenn sie veranstaltet werden, um Daten auf ihre möglichen sozialen Auswirkungen zu untersuchen, können sie sogar gefährlich sein …

> Gute Datenwissenschaftler beginnen stets mit einer klaren Aufgabenstellung und NICHT mit Daten. Leider fehlt bei Daten-Hackathons häufig eine klare Problemstellung. Die meisten Unternehmen denken, wenn man ein paar Hacker, Pizza und Daten zusammen in einen Raum steckt, geschehen Zeichen und Wunder. Das ist, als würde die Non-Profit-Organisation Habitat for Humanity seine Freiwilligen um einen Holzstoß herum versammeln und ihnen dann sagen: „Legt los!" Es könnte passieren, dass das Ergebnis am Ende des Tages eine halbfertige Glasveranda mit 14 Ausgängen wäre.[2]

Anders ausgedrückt: Hackathons können eine tolle Gelegenheit sein, um neue Ideen hervorzubringen, aber sie sind viel wertvoller, wenn sie auf echte geschäftliche Probleme fokussiert werden.

Es gibt einen Grund dafür, dass viele große Unternehmen keine Hacker einstellen: *Hacking* ist eine kreative, schnelle Form der Datenverarbeitung, der immer wieder die Illegalität anhaftet. Wahrscheinlich braucht man aber in den Pioniertagen von Big Data ein gewisses Quäntchen von Datenhacking im letztgenannten Sinn. Dennoch sollte man darauf achten, dass die Hackermerkmale bei einem Datenwissenschaftler nicht überwiegen, denn das könnte schlimme Folgen haben. Hart gesottene Hacker können mehr Probleme verursachen, als dass sie Nutzen mit sich brächten. Zudem sind sie nicht scharf darauf, für große, bürokratische Unternehmen zu arbeiten.

Wissenschaftler

Das Merkmal *Wissenschaftler* bedeutet nicht unbedingt, dass Datenwissenschaftler auch als Wissenschaftler gearbeitet haben, obwohl das für viele zutrifft. 2012 habe ich Gespräche mit 30 Datenwissenschaftlern geführt, davon hatten 57 % einen Doktortitel und 90 % mindestens einen akademischen Grad. Die meisten Datenwissenschaftler hielten einen Doktortitel in experimenteller Physik, die anderen hatten einen höheren akademischen Grad in Biologie, Ökologie oder Sozialwissenschaften, die normalerweise viel Computerarbeit erfordern.

Erfordern Datenwissenschaften detaillierte Kenntnisse in diesen Bereichen? Nein. Was für viele andere Tätigkeiten gilt, gilt auch für Datenwissenschaftler. Nicht der akademische Grad oder die damit verbundenen spezifischen Kenntnisse sind wichtig, sondern die Fähigkeiten und persönliche Einstellung, die man für Aufgaben im Bereich der Datenwissenschaft benötigt. Dies umfasst auch die Fähigkeit, Experimente aufzubauen, Versuchseinrichtungen zu konstruieren und Daten zusammenzutragen, zu analysieren und Ergebnisse zu beschreiben. In der Vergangenheit waren die Datenmengen, die von einem Wissenschaftler analysiert wurden, zwar nicht wirklich groß – Universitäten hatten selten Zugang zu Big Data –, aber sie waren unter Umständen etwas unstrukturiert.

Die persönlichen Eigenschaften eines Datenwissenschaftlers, die für Big Data nützlich sind, sind sein Fokus auf evidenzbasierte Entscheidungen, Improvisation, Ungeduld und die Freude am Selbstmachen. Dies sind wichtige Fähigkeiten in den frühen Phasen der Big Data-Arbeit, in denen Datenwissenschaftler viel Pionierarbeit leisten müssen, die später leichter von Software erledigt wird. Wissenschaftler haben tendenziell eine gute Auffassungsgabe und können neue Technologien schnell begreifen und beherrschen.

Dennoch ist es für einen intelligenten Mensch eine gewisse Zeitverschwendung, beispielsweise vier bis sechs Jahre in einen Doktortitel für experimentelle Physik zu investieren, um dann als Datenwissenschaftler zu arbeiten. Diese Menschen bringen sicherlich viele der erforderlichen Fähigkeiten mit. Aber sie haben auch viel Wissen, das sie für die Datenwissenschaft nicht benötigen; und es spricht wenig dafür, dass das Schreiben einer Dissertation eine nützliche Aktivität für angehende Datenwissenschaftler ist. Eines Tages werden die erforderlichen Fähigkeiten viel effizienter in einem speziellen Studiengang der Datenwissenschaften ausgebildet, aber derzeit sind sie noch am ehesten bei Wissenschaftlern zu finden.

Interessant ist aber auch, dass viele erfolgreiche Datenwissenschaftler keinen höheren akademischen Abschluss haben. Sie haben sich ihre Fähigkeiten autodidaktisch angeeignet. So hat Jeff Hammerbacher, ein führender Datenwissenschaftler, der zusammen mit DJ Patil (damals bei LinkedIn) in seiner Zeit bei Facebook den Begriff

Datenwissenschaftler geprägt hat, lediglich einen Bachelor-Abschluss. In Kapitel 6 werde ich erläutern, dass die Big Data-Kultur eher leistungsorientiert ist und sich nicht so sehr an Titeln orientiert.

Vertrauenswürdiger Berater

Wie traditionelle quantitative Analysten benötigen Datenwissenschaftler ebenfalls gute Kommunikations- und zwischenmenschliche Fähigkeiten. Und wie viele traditionelle quantitative Analysten verfügen auch die meisten Datenwissenschaftler nicht über diese Kompetenzen.

Gute zwischenmenschliche Beziehungen sind jedoch absolut notwendig. Datenwissenschaftler unterstützen Führungskräfte bei internen Entscheidungen. In Unternehmen, bei denen Daten das Produkt sind, beraten sie Produkt- und Marketingmanager zu Möglichkeiten datenbasierter Produkte und Dienstleistungen. DJ Patil, der als einer der ersten als Datenwissenschaftler bezeichnet wurde (zum Teil auch deswegen, weil er den Begriff mitentwickelt hat), formuliert es gerne so, dass ein Datenwissenschaftler „auf der Brücke" steht und den Kapitän berät. Wenn man Vermittler zwischen Datenwissenschaftler und Entscheidungsträger einschaltet, verstehen die Entscheidungsträger eventuell nicht, welche wichtigen Daten- und Analyseprobleme bei einer wichtigen Entscheidung auftreten.

Laut einer Studie von Gartner „scheitern zwischen 70 und 80 % aller Business Intelligence-Projekte" an „einer Kombination aus schlechter Kommunikation zwischen der IT-Abteilung und dem Unternehmen, der Tatsache, dass nicht die richtigen Fragen gestellt werden und daran, dass die echten Bedürfnisse des Unternehmens nicht berücksichtigt werden."[3] Und bei Business Intelligence-Projekten ging es bisher meistens um *Small* und nicht um Big Data. Der Grund für gescheiterte Projekte mag häufig unklar sein, aber eine fehlende Kommunikation führt bei *Small*- und Big Data-Projekten zweifellos zu großen Problemen.

Das Buch *Keeping Up with the Quants*, bei dem ich als Co-Autor mitgewirkt habe, geht sehr ausführlich auf dieses Thema ein.[4] Ich glaube nicht, dass es große Unterschiede zwischen der Kommunikations- und Beratungskompetenz von quantitativen Analysten geringer Datenmengen und Datenwissenschaftlern gibt, denn diese Fähigkeiten werden in beiden Positionen zwingend benötigt.

Quantitativer Analyst

Nach der Erfassung und Aufbereitung von Big Data (und gegebenenfalls Umwandlung von unstrukturierten in strukturierte Daten) müssen diese auf traditionelle Art und Weise analysiert werden. Datenwissenschaftler müssen also auch quantitative Analysten sein – sie müssen sich mit einer Vielzahl mathematischer und statistischer Verfahren auskennen und anderen erklären können. Es wurde schon viel über diese statistischen Kompetenzen geschrieben, sodass ich nicht weiter darauf eingehe.

Es gibt jedoch ein paar Unterschiede zwischen der Analyse geringer unstrukturierter Datenmengen und Big Data. Ein Unterschied besteht beispielsweise darin, dass die Idee der *statistischen Inferenz* – also Ergebnisse kleiner Stichproben für größere Populationen zu generalisieren – hier nicht so wichtig sein könnte. Bei Big Data analysieren Unternehmen häufig den gesamten Datenbestand, ganz einfach weil es die Technologie möglich macht. Wenn man Ergebnisse aus einer Probe nicht auf den gesamten Bestand interferiert, braucht man sich auch keine Gedanken mehr um Konzepte wie statistische Signifikanz oder die Wahrscheinlichkeit machen, dass die Ergebnisse dem Bestand entsprechen (da sie der Bestand *sind*). Dennoch glaube ich, dass wir in vielen Fällen auch weiterhin Proben verwenden werden. So ist es beispielsweise nicht sinnvoll, alle Einwohner Deutschlands zu politischen oder sozialen Belangen zu befragen; Stichproben sind hierfür immer noch besser geeignet. Und selbst wenn man eine Tonne Onlinedaten analysieren müsste, so entspricht dies auch nur einer Stichprobe der Nutzungsgewohnheiten in einem bestimmten Zeitintervall.

Ein weiterer Unterschied ist die weit verbreitete Präferenz visueller Analysen von Big Data. Aus bislang ungeklärten Gründen werden die Ergebnisse von Big Data-Analysen häufig visuell dargestellt. Diese Darstellung bietet zwar eine Reihe von Vorteilen: Nicht-quantitative Führungskräfte können die Daten relativ leicht interpretieren, und man schenkt ihnen Beachtung. Der Nachteil ist jedoch, dass sie grundsätzlich nicht geeignet sind, um komplexe multivariate Beziehungen und statistische Modelle darzustellen. Anders gesagt ist der Großteil der visuellen Darstellung von Daten eher für beschreibende statt für prädiktive oder präskriptive Analysen geeignet. Wie in Abbildung 4.1 zu sehen ist, kann man trotzdem viele Daten visuell und auf einmal darstellen. Sie zeigen Tweets und Retweets auf Twitter zu bestimmten *New York Times*-Artikeln.[5] Meiner Meinung nach sind sie – wie viele andere komplexe Big Data-Visualisierungen – schwer zu entziffern. Manchmal denke ich, dass viele Big Data-Visualisierungen lediglich deshalb erstellt werden, weil sie technisch möglich sind und nicht, weil sie Klarheit zu einem bestimmten Thema bieten.

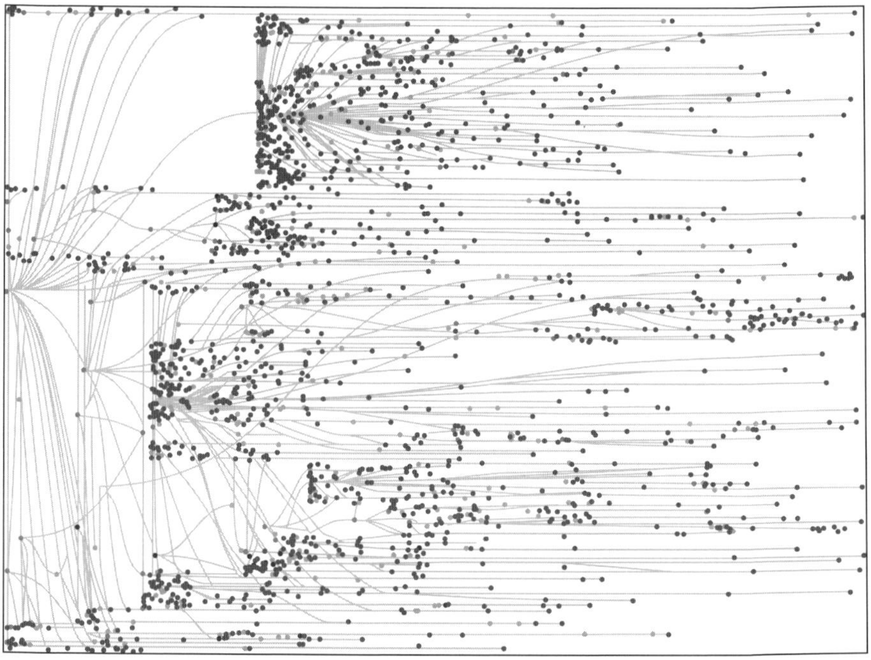

Abbildung 4.1: Visuelle Darstellung von Tweeds und Retweeds als Linien und Punkte

Warum werden für Big Data häufig trotzdem visuelle Analysen verwendet? Es gibt mehrere Erklärungen. Eine Hypothese lautet: „Big Data = *small* math", d.h. dass der Aufwand zur Erfassung und Strukturierung der Daten so groß ist, dass nur wenig Zeit für komplexe multivariate Statistik bleibt. Man kann lediglich einfache Häufigkeitsauszählungen und dann darauf basierende Bilder und Streudiagramme erstellen. Dieses Phänomen ist bei Datenwissenschaftlern durchaus gut bekannt.

Eine weitere Erklärung dafür, dass visuelle Analysen von Big Data so weit verbreitet sind, ist, dass Big Data und ansprechende visuelle Analysen ungefähr zur selben Zeit aufkamen. Und schließlich ist die Arbeit mit Big Data explorativ und iterativ, sodass visuelle Analysen benötigt werden, um Daten zu untersuchen und Führungskräften oder Entscheidungsträgern vorläufige Ergebnisse zur Verfügung stellen zu können. Wir wissen nicht, welche dieser Erklärungen wichtiger ist, aber in der Tat müssen sich Datenwissenschaftler mit der visuellen Darstellung von Daten und Analysen auskennen.

Maschinelles Lernen ist eine weitere analytische Technik, mit der sich Datenwissenschaftler auskennen sollten. Hier werden verschiedene Modelle automatisch getestet und an einen Datensatz angepasst, um die beste Konstellation zu finden. In Kapitel 5 gehe ich näher darauf ein. Faktisch ist dies aber nur ein halb-automatisierter Prozess, da ein Analyst normalerweise zunächst einmal den Anfangspunkt und Transformationsroutinen definieren muss. Obwohl dies oft schwierig ist, sollten Analysten versuchen, die Ergebnisse der maschinellen Analysen zu interpretieren – also quasi einen Blick in die Blackbox des Programms werfen –, um herauszufinden, welches Modell am besten geeignet ist, und warum dies so ist. Wenn es dem Analysten gelingt, einen Grund abzuleiten, warum ein bestimmtes Modell am besten passt, kann er Entscheidungsträgern und Führungskräften die Ergebnisse viel leichter erklären. Wenn man jedoch davon ausgeht, dass pro Woche mehrere Tausend Modelle erstellt werden, ist eine derartige Interpretation recht unrealistisch. Dennoch beschäftigen viele Unternehmen, die mit Big Data arbeiten, Spezialisten für maschinelles Lernen.

Bei Big Data werden oft unstrukturierte Datenarten wie Text, Bilder und Videos verarbeitet. Ein Datenwissenschaftler kann sich sicher nicht mit der Analyse all dieser Datenarten auskennen, sollte aber analytische Ansätze zumindest für eine kennen. Sprachtechnologien (*natural language processing*, NLP) bieten beispielsweise eine Reihe von Ansätzen, um Inhalte aus Texten zu extrahieren. Dabei können Wörter gezählt, klassifiziert, übersetzt oder analysiert werden. Dies wird recht häufig zur Analyse von Kundenmeinungen zu einem Produkt oder einem Unternehmen verwendet. Praktisch jedes große Unternehmen, das mit Big Data arbeiten möchte, sollte einen oder zwei Mitarbeiter haben, die sich mit NLP auskennen.

Wirtschaftsexperte

Zu guter Letzt sollten Datenwissenschaftler über fundierte betriebswirtschaftliche Kenntnisse verfügen, zumindest in dem Geschäftsbereich, in dem sie arbeiten. Womit verdient das Unternehmen sein Geld? Welche Wettbewerber gibt es? Wie kann ein Unternehmen erfolgreiche Produkte und Dienstleistungen entwickeln? Und welche zentralen Probleme lassen sich mit Big Data und Datenanalysen lösen? Ein guter Datenwissenschaftler sollte diese wichtigen Fragen beantworten können.

Denn mit diesen Erkenntnissen kann er Hypothesen aufstellen, sie schnellstmöglich überprüfen und Lösungen für die Problemstellungen entwickeln. Andernfalls wird er dem Unternehmen keinen betriebswirtschaftlichen Wert bringen. Da die *Anwendung* von Datenanalysen auf betriebswirtschaftliche Probleme (mit Big Data oder traditionellen Datenanalysen) den Wert für das Unternehmen darstellt, sollten sich Datenwissenschaftler für die relevanten betriebswirtschaftlichen Zusammenhänge interessieren und Erfahrungen in diesem Bereich haben. Natürlich arbeiten Datenwissenschaftler im Laufe ihrer Karriere in unterschiedlichen Branchen und können keine Experten in allen Geschäftsbereichen sein. Dennoch sollten sie eine gewisse Neugierde und Interesse für die betriebswirtschaftlichen Zusammenhänge des jeweiligen Geschäftsbereiches mitbringen. Datenwissenschaftler sind sehr intelligente Menschen, sodass sie bei ausreichender Motivation schnell lernen. Achten Sie bei Bewerbern aus anderen Branchen darauf, dass sie Interesse zeigen und ihre Problemlösungskompetenz bereits unter Beweis gestellt haben.

Horizontale und vertikale Datenwissenschaftler

Natürlich gibt es mehrere Arten von Datenwissenschaftlern. Vincent Granville, Inhaber des sozialen Netzwerks Data Science Central, hat eine Klassifizierung geprägt. In einem Blog-Post beschreibt er den Unterschied zwischen vertikalen und horizontalen Datenwissenschaftlern folgendermaßen:

- **Vertikale Datenwissenschaftler** verfügen über profundes Wissen in einem kleinen Bereich. Sie sind z. B. Informatiker, die sich sehr gut mit der Berechnungskomplexität von Sortieralgorithmen auskennen, oder Statistiker, die alles über Eigenwerte, Singulärwertzerlegung sowie deren numerische Stabilität und asymptotische Konvergenz von Pseudo-Maximum-Likelihood-Schätzern wissen. Es kann ein Softwareingenieur für die API-Entwicklung und Webcrawling-Technologie mit mehreren Jahren Erfahrung in Python (einschließlich Grafikbibliotheken) sein, ebenso wie ein Datenbankspezialist, der über fundierte Kenntnisse im Bereich Datenmodellierung, Data-Warehousing, Graphdatenbanken, Hadoop und NoSQL verfügt oder ein Experte für Prognosemodelle in Bayes'sche Netzen.
- **Horizontale Datenwissenschaftler** sind eine Mischung aus Wirtschaftsanalysten, Statistikern, Informatikern und Fachexperten. Sie vereinen Visionen mit technischem Wissen. Sie mögen vielleicht keine Spezialisten in Eigenwerten, generalisierten linearen Modellen und sonstigen halb-veralteten statistischen Methoden sein, kennen sich aber mit moderneren, datengesteuerten Verfahren für unstrukturierte und fließende Daten aus … Sie können robuste, effiziente, unkomplizierte, reproduzierbare und skalierbare Codes und Algorithmen entwickeln.[6]

Granville favorisiert eindeutig horizontale Datenwissenschaftler. Seiner Meinung nach ist ihr breites, pragmatisches Wissen besser, als das profunde Wissen von vertikalen Datenwissenschaftlern. Dem stimme ich zu! Wenn man fundierte Kenntnisse einer speziellen Technologie benötigt, kann man hierfür einen Berater engagieren. Mark Grabb, leitender Datenwissenschaftler bei GE, ist für die Einstellung von Datenwissenschaftlern verantwortlich und teilt diese Auffassung:

Messen wir der Kraft der Arbeitsteilung ausreichend Bedeutung bei, indem wir nach Technologen mit fundierten Kenntnissen durch jahrelange Fokussierung auf ein enges Fachgebiet suchen und uns auf eine gute Kommunikation im Team verlassen? Für uns haben sich diese Experten als wertvoll erwiesen, häufiger konnten wir ihren Wert aber dadurch realisieren, dass sie neue Analysetools für die Datenwissenschaftler entwickelten, statt selbst die Rolle des Datenwissenschaftlers zu übernehmen. Diesen einseitig fokussierten Experten fehlen häufig die erforderliche Schnelligkeit und der Wunsch, mit bestehenden Tools neue Lösungen zu entwickeln. Zudem haben sie oft einen gewissen Stolz und möchten für die Entwicklung neuer Kapazitäten auch ausreichend wertgeschätzt werden.[7]

Der Team-Ansatz

Weil man diese unterschiedlichen Fertigkeiten nur schwer in einem Superman oder Supergirl zusammenführen kann, gibt es auch nicht viele von ihnen! Wenn Sie das in Wahrscheinlichkeiten ausdrücken möchten, dann liegt sie bei 0,00000000001 %, einen Datenwissenschaftler mit allen erwähnten Fähigkeiten zu finden. Und selbst wenn Sie diesen Mitarbeiter quasi wie die Nadel im Heuhaufen entdecken, dann könnte es ja auch sein, dass er oder sie gar kein Interesse hat, für Ihr Unternehmen zu arbeiten.

Ein weiterer und erschwerender Faktor bei der Fokussierung auf Multitalente ist, dass Datenwissenschaftler – insbesondere der horizontalen Art – nur ein Bestandteil für einen effektiven Ansatz bei Big Data-Projekten darstellen. So spielt beispielsweise die Datenhygiene eine bedeutende Rolle, d. h. das Extrahieren, Bereinigen und Abgleichen von Daten, bevor sie analysiert werden können. IT-Mitarbeiter machen dies schon seit einigen Jahrzehnten, und die Bedeutung hat nicht abgenommen. In einer Studie von Talent Analytics aus dem Jahr 2012 wurden 302 quantitative Analysten und Datenwissenschaftler befragt. Unter anderem wurden Fragen zu den spezifischen Aktivitäten von Analysespezialisten gestellt. Die Ergebnisse zeigten, dass Mitarbeiter, die sich selbst als Analysten und Datenwissenschaftler bezeichnen, die „Datenaufbereitung" als eine ihrer wichtigsten und häufigsten Aufgaben betrachten. Die tatsächliche Datenanalyse und visuelle Darstellung der Ergebnisse beansprucht nur einen relativ kleinen Teil ihrer Zeit.[8]

Die naheliegende Alternative zum multifunktionalen Datenwissenschaftler ist also die Zusammenstellung eines Teams, das alle benötigten Fertigkeiten besitzt. Manche Unternehmen suchen Mitarbeiter, die mehrere dieser benötigten Fertigkeiten besitzen und fördern den Rest durch Training oder Erfahrungen. Mitarbeiter mit einer Fähigkeit sollen Mitarbeiter mit anderen Fertigkeiten respektieren und anerkennen, dass diese ebenfalls benötigt werden. Ein guter leitender Datenwissenschaftler ist in der Lage, diesen Respekt zu kultivieren und zu fördern. Mark Grabb, Leiter der Technologie für Analytics bei GE Global Research, beschreibt die Erfahrungen des Unternehmens mit der Einstellung von Mitarbeitern mit mehreren Fertigkeiten folgendermaßen:

> Wir bei GE sind überzeugt davon, dass Datenwissenschaftler mit Know-how in zwei oder drei Fachgebieten aus folgenden Gründen am effektivsten sind. Zunächst einmal scheint es einen enormen kreativen Vorteil zu haben, sich in mehreren Bereichen auszukennen. Man bezeichnet dies auch als „vorteilhafter Standpunkt". Das englische Ausgangswort *coign* findet sich heute nur noch vereinzelt in Wörterbüchern und ist zu verstehen als Eckpfeiler eines Gebäudes. Dieser Stein befindet sich an der äußeren Ecke eines Gebäudes und hat den Vorteil, dass er den Überblick in zwei Richtungen und somit einen entscheidenden kreativen Vorteil gegenüber anderen hat, die nur eine Seite einsehen. Mit Datenwissenschaftlern verhält es sich genauso. Zweitens haben wir die Erfahrung gemacht, dass die meisten Analysespezialisten, die sich auf einen Bereich spezialisiert haben, weniger als Projektpartner geeignet sind; und effektive Datenwissenschaftler müssen teamfähig sein. Ein weiterer Nachteil ist, dass stark spezialisierte Fachkräfte mehr obligatorische Kommunikationskanäle benötigen und von ihrer Persönlichkeit her unter Umständen nicht teamfähig sind. Drittens sind wir zu dem Schluss gekommen, dass Know-how mit Fleiß, Disziplin und Ausdauer einhergeht (gemäß der 10.000-Stunden-Regel aus dem

Buch von Malcolm Gladwell), sodass das Einstellen und Schulen von Hunderten von Mitarbeitern einfach nicht praktikabel ist.[9]

Bei der Vielfalt der gefragten Fähigkeiten muss auch der leitende Datenwissenschaftler gut darin sein, für jedes Projekt Teams mit den benötigen Fertigkeiten zusammenzustellen. Für manche Projekte wird Kompetenz im Umgang mit Daten benötigt, für andere eher analytische. Der leitende Datenwissenschaftler muss die speziellen Bedürfnisse des Projekts ermitteln, bevor er das Team zusammenstellt.

Das Big Data-Beratungsunternehmen Opera Solutions wählt für Projekte mit seinen Kunden einen Team-Ansatz. An den Projekten des Unternehmens sind „zupackende" Datenwissenschaftler beteiligt, die neue Algorithmen entwickeln. Zudem bieten Analysemanager Unterstützung für die konkrete Problemstellung und traditionelle Projektmanager kümmern sich um die Kosten, den Zeitplan und konkrete Ergebnisse. Für bestimmte Branchen werden darüber hinaus häufig Fachleute mit betriebswirtschaftlichem und datenwissenschaftlichem Know-how eingesetzt, die die Projektbeteiligten hinsichtlich der branchenspezifischen Daten- und Analyseanforderungen beraten.

Wo findet man Datenwissenschaftler?

Datenwissenschaftler von Universitäten

Viele Datenwissenschaftler haben oft einen höheren akademischen Abschluss in den Naturwissenschaften. Dies ist jedoch nicht in allen Fällen die effizienteste Art, um die erforderlichen Fähigkeiten zu erwerben. Wann wird es direkte Bildungswege für die Datenwissenschaft geben? Ich kenne *noch* keine Universität, die heute einen akademischen Grad in Datenwissenschaften verleiht. Dennoch gibt es immer mehr Kurse in diesem Bereich, und einige Institutionen planen derzeit einen entsprechenden Studiengang. Dabei handelt es sich meistens um Master-Programme, wie die School of Information an der Universität Kalifornien, Berkeley, und die Universität von

New York ankündigen. Universitäten sind zwar keine dynamischen Institutionen, aber sie haben den zunehmenden Bedarf von Unternehmen an Datenwissenschaftlern zur Kenntnis genommen. In den nächsten Jahren wird es sicher eine Vielzahl von entsprechenden Studiengängen geben, und ein oder zwei Jahre später werden die ersten Studierenden mit einem Abschluss in Datenwissenschaften die Universitäten verlassen.

Aber was kann man tun, wenn man diese qualifizierten Mitarbeiter schon heute braucht? Wie erwähnt, bieten bereits mehrere Institutionen Lehrgänge, Studiengänge oder Online-Kurse für Big Data, Maschinelles Lernen, Programmieren in Skriptsprachen (wie Python) und sonstige relevante Fertigkeiten an, wie Stanford, das MIT oder das Hasso-Plattner-Institut in Potsdam.

Alternativ können Sie auf Absolventen der größer und populärer werdenden Studiengänge im Bereich betriebswirtschaftlicher Datenanalyse zurückgreifen, ob in Deutschland oder in Nordamerika. Barbara Wixom von der Universität von Virginia und weitere Dozenten haben eine Liste mit 59 Universitäten erstellt, die Bachelor- oder Master-Studiengänge in Business Intelligence oder Business Analytics anbieten.[10] Viele dieser Studiengänge haben datenwissenschaftliche Inhalte bereits integriert bzw. planen dies zu tun.

An dieser Stelle sei ein Blick in eine Umfrage unter 446 Arbeitgebern, die Barbara Wixom zusammen mit Kollegen durchgeführt hat, empfohlen. Dort hat man herausgefunden, dass die kommunikative Kompetenz am begehrtesten ist, gefolgt von technischen und analytischen Fertigkeiten. Nachgefragt wird also insbesondere die Fähigkeit, Ergebnisse von Analysen effektiv an Entscheidungsträger kommunizieren zu können. Das größte Hindernis bei der Einstellung qualifizierter Mitarbeiter ist aber die fehlende Berufserfahrung. Das bedeutet, dass in die Ausbildung unbedingt Zeit für entsprechende Praktika eingeplant wird.

Wenn Sie ein Unternehmen führen und Datenwissenschaftler einstellen möchten, sollten Sie nicht darauf warten, dass Studierende ihr Studium der Datenwissenschaften abschließen. Arbeiten Sie aktiv mit Universitäten zusammen und erzählen Sie ihnen, welche Fähigkeiten Sie benötigen. Bieten Sie Praktika in Ihrem Unternehmen an, sodass Sie schon heute Ihre zukünftigen Mitarbeiter kennenlernen. Bieten Sie Professoren Datensätze an (idealerweise große Datensätze), mit denen ihre Studenten arbeiten können. Und wenn Sie Einfluss auf eine Universität ausüben möchten, dann finanzieren Sie Forschungsprojekte oder Praktikanten-Programme.

Nicht-universitäre Alternativen

Es gibt viele andere Möglichkeiten, wie man Datenwissenschaftler einstellen oder ausbilden kann. So hat die EMC Corporation herausgefunden, dass die Verfügbarkeit von Datenwissenschaftlern ein bedeutender Faktor für die eigenen Big Data-Bemühungen und die seiner Kunden sein wird. Als logische Konsequenz hat das Unternehmen ein Schulungsprogramm für Mitarbeiter und Kunden entwickelt. Absolventen dieses Trainings arbeiten bereits an internen Big Data-Projekten. Und das Unternehmen hat darüber hinaus seine Kursmaterialien Universitäten zur Verfügung gestellt. IBM hat ein ähnliches Programm implementiert. Deloitte hat mit der Kelley School of Business der Universität von Indiana zusammengearbeitet, um seine Mitarbeiter in Big Data und Datenanalysen zu schulen.

Wenn man bedenkt, wie schwer es ist, qualifizierte Mitarbeiter zu finden und zu halten, dann ist es eventuell sinnvoll, qualifizierte Berater zu beschäftigen. Dennoch möchten viele Unternehmen, die offensiv Big Data-Projekte verfolgen, eigene Datenwissenschaftler einstellen (vielleicht auch deshalb, weil sie ihre Daten nicht externen Unternehmen überlassen möchten). Die Nachfrage ist jedenfalls groß und wird weiter steigen. Unternehmen wie Accenture, Deloitte oder IBM stellen viele Datenwissenschaftler ein bzw. bilden sie aus, ebenfalls Offshore-Unternehmen wie Mu Sigma, eine „Mathefabrik" mit Tausenden von quantitativen Analysten.

Der Datenwissenschaftler Jake Klamka (der über ein abgeschlossenes Studium in Hochenergiephysik verfügt) hat ein eigenes kreatives Konzept für die Schulung von Datenwissenschaftlern entwickelt. Beim Insight Data Science Fellows-Programm werden Datenwissenschaftler sechs Wochen lang geschult. Zum Programm gehört auch das Mentoring von lokalen Unternehmen bei Big Data-Problemstellungen (z. B. Facebook, Twitter, Google, LinkedIn). „Zunächst zielte ich auf zehn Teilnehmer. Aus mehr als 100 Bewerbern wählte ich schließlich 30 aus." erzählt Klamka. „Die Nachfrage von Unternehmen ist phänomenal, da sie sonst einfach keine derart qualifizierten Talente finden."[11]

Risikokapitalgesellschaften interessieren sich ebenfalls für die Datenwissenschaft. Um die Nachfrage von Unternehmen in ihrem Portfolio zu decken, hat Greylock Partners, eine Early Stage-Risikokapitalgesellschaft, das sich bei Unternehmen wie Facebook, LinkedIn, Palo Alto Networks und Workday engagiert, ein Recruiting-Team mit einem Schwerpunkt auf Datenwissenschaftler aufgebaut. Teamleiter Dan Portillo erzählt: „Der Bedarf an Datenwissenschaftler bei etablierten Unternehmen ist so hoch wie nie. Sobald sie über Daten verfügen, brauchen sie Leute, die diese verarbeiten und analysieren können. Das Wissen, was wir vor 10 bis 15 Jahren gelernt haben, reicht heute einfach nicht mehr aus."[12]

Bindung von Datenwissenschaftlern

Dazu kommt, dass es für Unternehmen heute schwer ist, ihre eingestellten oder selbst ausgebildeten Datenwissenschaftler überhaupt zu halten. Einige Datenwissenschaftler, mit denen ich in Online-Unternehmen oder kleinen Startups gesprochen habe, haben ihren Job in den letzten Jahren einige Male gewechselt. Einer erklärte mir: „Nach etwa einem Jahr stellt sich oft heraus, dass es in diesem Unternehmen nichts mehr für mich zu tun gibt." (Vermutlich wurde er für ein Projekt eingestellt, das nach einem Jahr beendet wurde.) Ein anderer erzählt: „Datenwissenschaftlern werden viele Stellen angeboten – manchmal bekomme ich pro Woche zwei oder drei Anrufe von Headhuntern. Bei so vielen Gelegenheiten ist es nicht verwunderlich, dass in diesem Bereich eine derart hohe Fluktuation herrscht."

Ich kenne zwar keine Studien zur Mitarbeiterbindung speziell von Datenwissenschaftlern, aber die bekannten Konzepte – gute Gehälter, angenehmes Mitarbeiterumfeld und gute Vorgesetzte – bleiben hier sicherlich wirkungsvoll. Wenn Sie für ein großes Unternehmen Datenwissenschaftler eingestellt haben, sollten Sie darauf achten, dass diese nicht nur direkt mit verschiedenen Abteilungen sondern auch mit anderen Datenwissenschaftlern und Analysten zusammenarbeiten. Durch den ausgeprägten Bedarf von Datenwissenschaftlern an intellektueller Herausforderung kann man sie am besten im Unternehmen halten, indem man ihm oder ihr gute Daten zur Verfügung stellt und interessante Aufgabenstellungen gibt.

In Gesprächen mit Datenwissenschaftlern wurde dieser Aspekt sehr häufig angesprochen. Sie wünschen sich Daten, die eine substanzielle Auswirkung auf die Welt haben. Sie betrachten dies als einmaligen Abschnitt in der Zeitgeschichte, in der es große Datensätze und sehr leistungsfähige Tools gibt. Die erfolgreiche Datenwissenschaftlerin Amy Heineike vom Start-up Quid in San Francisco formulierte es in einem Interview so:

> Wenn Sie Zugang zu den Daten und Tools haben, können Sie schon viele coole Dinge herausfinden, aber wir kratzen derzeit nur an der Oberfläche dessen, was möglich wäre. Was mich inspiriert, ist die Möglichkeit, wirklich interessante Dinge zu kreieren. Könnte meine Arbeit wichtig sein, Auswirkungen haben oder eine Menge Leute erreichen? Zudem möchte ich gerne wissen, wie man Datenwissenschaftler am besten in ein bunt gemischtes Ingenieursteam und in ein Unternehmen integriert oder die unterschiedlichen Fähigkeiten in einem effektiven Team mit Datenwissenschaftlern miteinander kombiniert. Wenn ich eine Gelegenheit bewerte, halte ich nach einem reichhaltigen Datensatz Ausschau, der für das Unternehmen relevant ist oder einer wichtigen Fragestellung, für die sich unter Umständen Daten finden lassen. Und ich muss sicherstellen, dass ausreichende Ressourcen vorhanden sind und die Datenwissenschaftler vom Management unterstützt werden.[13]

Ein anderer Datenwissenschaftler erzählt, dass die Einstellungen der Unternehmensgründer eine große Motivation für ihn und seine Kollegen seien: „Der wichtigste Aspekt ist, wie analytisch, ambitioniert und aufgeschlossen die Gründer sind? Das ist der entscheidende Faktor, wie analytisch das ganze Unternehmen letztendlich wird. Wenn sie sich lediglich für die technischen Aspekte interessieren, werden Analysen niemals einen hohen Stellenwert einnehmen."

Obwohl sie normalerweise gut bezahlt werden, motivieren sich Datenwissenschaftler eher durch Herausforderungen und die Auswirkungen ihrer Arbeit als durch Geld. Ein Datenwissenschaftler formuliert es so: „Wenn wir mit strukturierten Daten arbeiten wollten, dann wären wir an der Wall Street." Tatsächlich scheinen die quantitativen Analysten, die in den 1990er Jahren in großen Scharen an die Wall Street gingen, der gleiche Typus Mensch zu sein wie die heutigen Datenwissenschaftler.

Für Datenwissenschaftler – zumindest für die, die ich in Online- und Start-up-Unternehmen befragt habe – scheint es motivierender zu sein, ein Produkt zu erschaffen, als nur einen Entscheidungsträger zu beraten. Ein Datenwissenschaftler empfindet die Beraterfunktion als „die tote Zone – alles, was man machen kann, ist jemandem zu sagen, was er nach den Analysen tun sollte." Für sie hat die Arbeit mit Produkten oder Prozessen für Kunden viel größere Auswirkungen, und die Entwicklung einer Produktfunktion (oder zumindest einer Demoversion davon) ist viel wertvoller als die Erstellung einer PowerPoint-Präsentation oder eines Berichts für das Management.

Big Data-Kompetenzen für Manager

Datenwissenschaftler sind nicht der einzige menschliche Faktor bei der Verwaltung und Analyse von Big Data; Manager und Führungskräfte haben auch einen wesentlichen Einfluss auf die Entscheidungsfindung. (Sie sind Vorbild für den Aufbau einer guten Unternehmenskultur im Zusammenhang mit Big Data; aber darauf werde ich in Kapitel 6 eingehen.)

Wie in den vorangegangenen Kapiteln beschrieben, kann Big Data in Unternehmen zur Entwicklung von Produkten, zur Kostenreduktion oder zur Verbesserung der internen Entscheidungsfindung verwendet werden. Wird es zur Entscheidungsunterstützung herangezogen, dann sind Menge und Geschwindigkeit von Big Data so groß, dass konventionelle Ansätze, die ein hohes Maß an Sicherheit bieten, für die Entscheidungsfindung häufig nicht geeignet. Bis ein Unternehmen ein hohes Maß an Sicherheit zu den Erkenntnissen und

Auswirkungen von Big Data erzielt hat, sind bereits viele neue Daten verfügbar. Aus diesem Grund müssen Unternehmen einen kontinuierlicheren, aussagekräftigeren und weniger sicherheitsgeprägten Ansatz für Analysen und zur Entscheidungsfindung wählen.

Social Media-Analysen sind beispielsweise nur selten definitiv, sondern bilden schnelllebige Trends zu Kundenmeinungen über Produkte, Marken und Unternehmen ab. Es könnte nützlich sein, mit Sicherheit ermitteln zu wollen, ob Online-Inhalte einer Stunde oder eines Tages mit Veränderungen der Umsatzzahlen in Zusammenhang stehen, aber bis zum Ende der Analyse wäre bereits wieder eine Menge neuer Inhalte verfügbar. Es ist also wichtig, klare Kriterien dafür zu haben, welche Entscheidungen zu treffen und welche Maßnahmen auf der Basis von Big Data-Analysen zu ergreifen sind – insbesondere in sich rasch verändernden Bereichen wie Social Analytics.

Manchmal ist es hilfreich sich einzugestehen, dass Daten und Analysen nicht definitiv sind. Das HunchWorks-Projekt bei der UNO hatte ich ja bereits erwähnt, bei dem es darum geht, Trends und Vermutungen früh zu erkennen, um zu entscheiden, ob es sinnvoll ist, weitere Maßnahmen zu ergreifen. Dies könnte auch der richtige Ansatz für Stimmungsanalysen in sozialen Netzwerken sein – nicht als besondere Maßnahme, sondern eher als Hinweis dafür, dass weitere Untersuchungen erforderlich sind.

Wenn man dann etwas mehr Gewissheit darüber hat, dass etwas Großes durch die Big Data-Analyse passiert, könnte man eine automatisierte Empfehlung in Erwägung ziehen, die bei Bedarf von einem Mitarbeiter außer Kraft gesetzt werden kann. So haben einige Gesundheitsorganisationen ähnliche Pläne für die Empfehlungen des Watson-Systems von IBM entwickelt. Der Krankenversicherer WellPoint sagt folgendes über Watson: „Wenn Watson zu dem Schluss kommt, dass die beantragte Behandlung eines Arztes oder Leistungserbringers im Hinblick auf die Krankengeschichte des Patienten nicht die effektivste Methode ist, kann der Computer mitteilen, dass er anderer Meinung ist – aber … er kann die Entscheidung des Leistungserbringers nicht überstimmen oder Behandlungsanträge ablehnen. Stattdessen muss eine Schwester den alternativen Vorschlag von Watson überprüfen und gemeinsam mit dem Leistungserbringer eine Entscheidung treffen, ob dieser angenommen wird oder nicht."[14]

In der Big Data-Welt müssen sich also nicht nur die Entscheidungen einzelner Manager ändern. Unternehmen, die mit Big Data arbeiten, müssen das Datenmanagement, die Analyse und Entscheidungsfindung quasi als „industrialisierte" Ströme und Prozesse und nicht als eigenständige Datenbestände oder Ereignisse verstehen. Früher verschlangen Datenanalysen viel Zeit und menschliche Intervention. Nachdem Daten gefunden wurden, wurden sie extrahiert und in ein Data-Warehouse geladen, und danach gingen die Analysten an die Arbeit. Die Datenanalysten brauchten dann ziemlich viel Zeit, um die Daten in die gewünschte Form zu bringen, zu analysieren und zu interpretieren. In vielen Fällen stellten sie die Analyseergebnisse visuell dar, damit die Entscheidungsträger sie besser verstehen konnten.

Durch die Menge und Geschwindigkeit von Big Data müssen Unternehmen kontinuierliche Prozesse entwickeln, um Daten zu erfassen, zu analysieren und zu interpretieren sowie entsprechende Maßnahmen zu ergreifen – zumindest für betriebliche Anwendungen, wie die „nächstbesten Angebote" für Kunden, die mehrere Kanäle zur Beschaffung nutzen, die Erkennung von Betrugsversuchen in Echtzeit oder die Einstufung von Patienten nach bestimmten Gesundheitsrisiken. Ein Großteil der Analysen und zumindest ein Teil der Entscheidungsfindung müssen ganz oder teilweise automatisiert werden. Dies beinhaltet auch die Integration in sogenannte Entscheidungsmanagement- oder Business Process Management-Tools. Einige Anbieter, wie IBM oder Pegasystems, passen ihre Produkte bereits entsprechend an. James Taylor, Spezialist für Fragen des Entscheidungsmanagements, ist diesem Thema in verschiedenen Büchern und Blog-Posts nachgegangen.[15]

Die PNC Bank hat beispielsweise mithilfe von Pegasystems gut strukturierte und halb-automatisierte Prozesse für den Kundenservice und zur Angebotserstellung für alle Kundenkontaktpunkte und -kanäle entwickelt.[16] Vor drei Jahren hat PNC begonnen, die Software von Pegasystems zu implementieren, um einen einheitlichen Ansatz für Kundenangebote und -beziehungen zu etablieren – anfänglich über Inbound-Kanäle, später dann auch über Outbound-Kanäle. Die Bank stellt pro Tag bereits eine Million Angebote über alle wichtigen

Kundenkanäle zur Verfügung. Meistens wird ein Call Center-Agent angewiesen, das Gespräch auf Basis des geschätzten Wertes der verbleibenden Gesprächszeit zügig abzuwickeln. Filialmitarbeiter haben normalerweise etwas mehr Zeit und einen besseren Bezug zum Kunden, um das vorgeschlagene Angebot für weitere Bankdienstleistungen und -produkte vorzustellen. Jede gewonnene Erkenntnis und Empfehlung wird individuell auf die Kaufkraft und das bisherige Kaufverhalten des Kunden abgestimmt. Die Analysemodelle werden normalerweise offline in SAS oder mittels Echtzeit-Modeling erstellt und über die Engine von Pegasystems laufen gelassen. Auch aufgrund dieser Features wurde PNC vom Beratungsunternehmen Corporate Insight kürzlich zum besten unter 16 Finanzinstituten für Online-Marketing und -Promotion gewählt.

Wie ich es bereits erwähnt habe, werden die Ergebnisse von Big Data-Analysen häufig visuell dargestellt. Obwohl es immer mehr technische Möglichkeiten zur Darstellung von Daten in Dashboards und visueller Analysen gibt, erfordern diese jedoch ein beträchtliches Maß an menschlicher Interpretation – und das braucht wertvolle Zeit. Zeit und Kosten einer solchen menschlichen Interpretation sind in betrieblich aufwendigen Big Data-Umgebungen unter Umständen nur schwer zu rechtfertigen. Die Mitarbeiter sollten deshalb so wenig wie möglich an betrieblichen Big Data-Prozessen beteiligt werden. Ihr Hauptengagement sollte in der Entwicklung von Regeln und Scoring-Algorithmen liegen und es muss möglich sein, Empfehlungen und Ausnahmen durch das System bei Bedarf widersprechen zu können. Selbstverständlich sollte der Mensch immer noch eine Rolle bei detaillierten Analysen spielen, aber diese betreffen normalerweise langsamere Analyseverfahren und Entscheidungsprozesse.

In Big Data-Umgebungen mit einer schnellen Entscheidungsfindung (manchmal spricht man hier auch von *High-Performance Analytics*) sind viel schnellere Datenanalysen möglich. Wenn ein Unternehmen aber einen echten betriebswirtschaftlichen Nutzen daraus ziehen möchte, muss es entscheiden, wie es die frei gewordene Zeit sinnvoll nutzt. Könnten sie beispielsweise mehr Analysen zur Verfeinerung ihrer Modelle durchführen? Ein Handelsunternehmen entwickelte jeden Tag einen Algorithmus zur Neukundenakquise und investierte dazu fünf Stunden täglich. Mithilfe von Big Data-Technologien konnte es die Zeit für die modellierten Prozesse auf nur drei Minuten reduzieren. Das Unternehmen wiederholte das Modell alle 30 Minuten und konnte gleichzeitig mehrere Modelle laufen lassen. Dadurch wurde die Modellwirksamkeit von 1,6 % auf 2,5 % verbessert. Auf den ersten Blick mag dies zwar nur eine kleine Verbesserung sein, sie zahlt sich aber bei vielen Kunden aus. Andere Mittel zur Verfeinerung von Modellen mit Big Data sind z. B. die Verwendung von mehr Daten oder mehr Variablen und die Diversifizierung von Modellen mithilfe maschineller Lernansätze.

Viele Unternehmen versuchen, den gesamten Prozess der Big Data-Analyse zu verbessern. Der Schlüssel liegt darin, Entscheidungen und Maßnahmen zu beschleunigen, um der zunehmenden Geschwindigkeit der Analysen Rechnung zu tragen.

Menschen und Big Data

Die Fertigkeiten eines talentierten Mitarbeiters sind also die mit Abstand wichtigste Ressource für eine erfolgreiche Nutzung von Big Data. Sie extrahieren Daten aus obskuren Quellen, schreiben Programme für die Umwandlung von unstrukturierten in strukturierte Daten, analysieren Daten, interpretieren die Ergebnisse und beraten Führungskräfte, welche Maßnahmen zu ergreifen sind – und dies alles unverzüglich und schnell.

Manchmal kommen mir Vorhersagen zu Ohren, dass künftig weniger Datenwissenschaftler gebraucht würden, da Computer und Software deren Aufgaben übernehmen würden. „Maschinelles Lernen wird Analysten überflüssig machen", argumentieren manche Menschen. Einige Software-Anbieter werben damit, „elektronische Datenwissenschaftler" zu entwickeln. Die Technologie zur Verwaltung und Analyse von Big Data wird sich weiterentwickeln, aber ich glaube nicht, dass kluge Menschen von der Bildfläche verschwinden werden. Selbst Unternehmen, die verstärkt auf Automatisierungstechnologien (z. B. maschinelles Lernen) setzen, haben erkannt, dass sie in Zukunft genau dafür zahlreiche Spezialisten benötigen werden.

Auch höre ich seit Jahrzehnten, dass wir künftig weniger quantitative Analysten brauchen werden – doch scheint dies nie einzutreten. Tatsächlich gibt es bei den Hunderten von Unternehmen, mit denen ich im Bereich Bildung, Beratung oder Forschung zusammengearbeitet habe, eine perfekte Korrelation zwischen zwei Variablen: Die Anzahl wirklich kluger Mitarbeiter, die Analysearbeiten erledigen und dem Niveau ihrer analytische Fähigkeiten. Meiner Meinung nach wird sich dies auch mit Big Data nicht ändern. Ich vermute, dass der Trend einer steigenden Anzahl von Analysten und Datenwissenschaftlern (siehe Abbildung 4.2) in dieser erstaunlichen Geschwindigkeit anhalten wird.

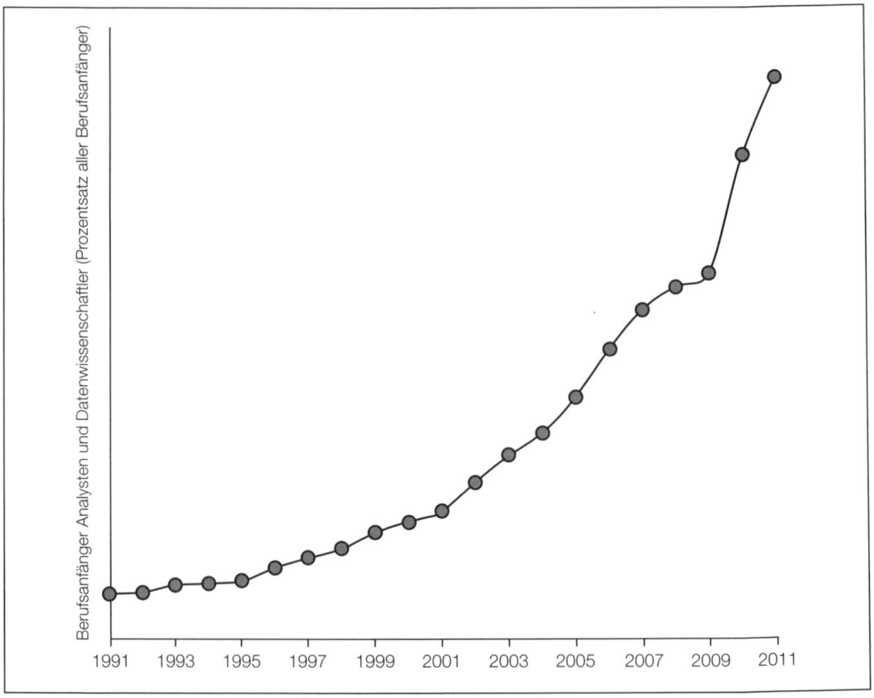

Abbildung 4.2: Anzahl der Arbeitsplätze von Analysten und Datenwissenschaftlern von 1991 bis 2011

Quelle: LinkedIn Analytics

AKTIONSPLAN FÜR MANAGER

Der menschliche Aspekt von Big Data

- Verfügen Sie über Mitarbeiter oder Teams, die eine Mischung aus Hackern, Wissenschaftlern, quantitativen Analysten, vertrauenswürdigen Beratern und Wirtschaftsexperten darstellen?
- Welche Hauptstrategie verfolgen Sie bei der Suche nach dieser Art von Mitarbeitern? Stellen Sie sie neu ein oder bilden Sie sie lieber intern aus? Falls Sie auf Berater vertrauen, haben Sie bestimmte Berater im Auge, die die erforderlichen Fertigkeiten besitzen?
- Wie halten Sie die Mitarbeiter oder Teams mit Fertigkeiten im Bereich Datenwissenschaften in Ihrem Unternehmen?
- Pflegen Sie Beziehungen zu Universitäten, die Big Data-bezogene Kurse anbieten?
- Denken Sie bereits darüber nach, wie Sie Manager darin schulen können, Big Data zu analysieren, Entscheidungen zu treffen und entsprechende Maßnahmen zu ergreifen?

5

Technologien für Big Data

Geschrieben mit Jill Dyché

Der Begriff *Big Data* steht nicht nur für eine große Menge an unstrukturierten Daten, sondern auch für Technologien, die die Verarbeitung und Analyse von Text-, Video- und Audioinhalte erst ermöglichen.* Vor dem Hintergrund sich rasch verändernder Daten ermöglichen Technologien wie maschinelles Lernen die schnelle Erzeugung von statistischen Modellen, mit denen Daten angepasst, optimiert und vorhergesagt werden können. Dieses Kapitel ist diesen Big Data-Technologien gewidmet (siehe Tabelle 5.1).

* Ich bedankte mich bei Jill Dyché, Vizepräsidentin von SAS Best Practices für die tolle Zusammenarbeit. Sie hat viele der in diesem Kapitel vorgestellten Frameworks entwickelt. Einige Inhalte dieses Kapitels stammen aus unserem Bericht *Big Data in Big Companies* (International Institute for Analytics, April 2013).

Technologie	Definition
Hadoop	Open Source-Software zur Verarbeitung von Big Data auf mehreren parallelen Servern
MapReduce	Framework, auf dem Hadoop basiert
Skriptsprachen	Programmiersprachen, die gut für Big Data geeignet sind (z. B. Python, Pig oder Hive)
Maschinelles Lernen	Software zum schnellen Ermitteln des Modells, das am besten für einen Datensatz geeignet ist
Visuelle Analysen	Darstellung von Analyseergebnissen in einem visuellen oder graphischen Format
Sprachtechnologien (natural language processing, NLP)	Software zur Textanalyse (Häufigkeit, Bedeutung etc.)
In-Memory-Analysen	Verarbeitung von Big Data im Speicher eines Computers, um eine höhere Geschwindigkeit zu gewährleisten

Tabelle 5.1: Überblick zu Technologien für Big Data

Wenn Sie Fachinformationen zur Funktionsweise von Big Data-Technologien suchen, dann sind Sie hier definitiv falsch! Mein Fokus liegt nicht auf der Beschreibung der detaillierten Funktionsweise von Hadoop oder darauf, ob Pig oder Hive die bessere Skriptsprache ist (leider übersteigt dieses Know-how auch meine technische Gehaltsklasse). Stattdessen konzentriere ich mich auf die Technologie-Architektur für Big Data und deren Koexistenz neben traditionellen Data-Warehouses und Datenanalysen.

Kein Geschäftstrend des letzten Jahrzehnts hat so große potenzielle Auswirkungen auf anstehende IT-Investitionen wie Big Data. In der Tat werden Big Data-Technologien in vielen Unternehmen Bewährtes auf den Kopf stellen, und je nach unserer persönlichen Einstellung werden wir dies als positiv oder negativ empfinden. Die Art und Weise, wie Daten zur Analyse gespeichert und verarbeitet werden, die Big Data mit sich bringt, und die benötigte Hard- und Software werden sich verändern. Teilweise ist diese Technologie neu, andere Komponenten sind dagegen schon eine Weile verfügbar, werden nun aber anders angewendet. Nachstehend beschreibe ich diese Technologien näher.

Was ist eigentlich das Neue an der Big Data-Technologie?

Bei den meisten Diskussionen darüber, was wirklich neu an Big Data ist, geht es hauptsächlich um die Technologie, die man benötigt, um große Datenmengen und unstrukturierte Formate zu verarbeiten. Diese Technologie ist zwar in der Tat neu, aber die Tatsache, dass sie häufig im Zentrum des Interesses steht, bedeutet nicht zwangsläufig, dass Sie Ihr Augenmerk ausschließlich darauf richten sollten. Letztlich kommt es darauf an, inwiefern die Big Data-Technologie einen Mehrwert für Ihr Unternehmen bedeuten kann, z. B. durch Kostensenkung, schnellere Datenverarbeitung, Entwicklung neuer Produkte oder Dienstleistungen sowie die Einbindung neuer Daten und Modelle zur besseren Entscheidungsfindung.

Dennoch möchte ich Ihnen kurz einige Big Data-Tools vorstellen, mit denen unstrukturierte Datenmengen strukturiert werden können, da Sie als Manager ja vor der Entscheidung stehen, ob Sie diese künftig in Ihrem Unternehmen einsetzen sollen oder nicht. Neu an der Big Data-Technologie ist hauptsächlich, dass sich die Daten mit der herkömmlichen Datenbank-Software oder einzelnen Servern nicht gut bearbeiten lassen. Klassische relationale Datenbanken gehen von Daten in geordneten Zahlenreihen und -spalten aus, Big Data liegen jedoch in vielen unterschiedlichen Formaten vor. Aus diesem Grund wurde eine neue Softwaregeneration zur Datenverarbeitung entwickelt. In diesem Zusammenhang hört man häufig von Hadoop, einem Open Source-Framework für die verteilte Verarbeitung großer Datenmengen innerhalb eines Netzwerks. Hadoop ist eine einheitliche Speicher- und Verarbeitungsumgebung, die eine hohe Skalierbarkeit auf große und komplexe Datenmengen bietet. Hadoop wird manchmal auch als Apache Hadoop bezeichnet, da die geläufigste Version von der Apache Software Foundation unterstützt wird. Darüber hinaus haben zahlreiche kommerzielle Anbieter eigene Hadoop-Versionen entwickelt. So sind am Markt derzeit Cloudera Hadoop, Hortonworks Hadoop, EMC Hadoop, Intel Hadoop, Microsoft Hadoop und viele weitere Hadoop-Versionen erhältlich.

Einer der Gründe dafür, dass Hadoop benötigt wird, ist beispielsweise, dass die Daten aufgrund des großen Volumens nicht zügig von einem einzigen Server verarbeitet werden können, unabhängig davon, wie groß dieser ist. Das Aufteilen von Berechnungen – z. B. eines Algorithmusses, der unterschiedliche Fotos mit einem vorgegebenen Foto auf ein mögliches Match abgleicht – auf mehrere Server kann die Verarbeitungszeit um das Hundertfache oder mehr verringern. Erfreulicherweise kamen mit Big Data auch günstige Standardserver mit bis zu mehreren Tausend Prozessoren auf den Markt. Ein weiteres Standardwerkzeug ist MapReduce, ein von Google entwickeltes Framework zur verteilten Verarbeitung von Big Data auf mehreren, miteinander verbundenen Computerknoten. Hadoop enthält MapReduce.

Diese neuen Technologien sind bei Weitem nicht die einzigen, mit denen sich Unternehmen beschäftigen sollten. Verfügbar sind neue Formen von Datenbanken, wie beispielsweise spaltenorientierte (oder vertikale) Datenbanken, neue Programmiersprachen – interaktive Skriptsprachen wie Python, Pig und Hive sind besonders beliebt – und neue Hardware-Architekturen zur Verarbeitung von Daten, wie spezielle Server oder In-Memory-Analysesysteme (Analysen werden im Gegensatz zur Plattenspeicherung komplett im Arbeitsspeicher des Computer vorgenommen).

Es gibt einen weiteren wichtigen Aspekt der Big Data-Technologieumgebung, der sich vom traditionellen Informationsmanagement unterscheidet. In der Vergangenheit hat man die Daten für die Analyse in unterschiedliche Datenpools aufgeteilt – meist ein Data-Warehouse (mit vielen verschiedenen Datensätzen unterschiedlicher Zielsetzung und Thematik) oder ein Data-Mart (mit kleineren Datenmengen für einen bestimmten Zweck oder für eine Abteilung). Der Ansatz der Datentrennung kann aber durch die Menge und Geschwindigkeit von Big Data schnell zunichte gemacht werden, da der reißende Fluss von Informationen niemals versiegt. Um nur ein Beispiel zu nennen: eBay erfasst eine riesige Mengen an Clickstream-Daten seiner Kunden und speichert mehr als 40 Petabyte Daten in seinem Data-Warehouse – viel mehr, als die meisten Unternehmen überhaupt gewillt sind zu speichern. Darüber hinaus speichert das Unternehmen große Datenmengen in mehreren Hadoop-Clustern. Die genaue Datenmenge ist zwar nicht bekannt und verändert sich täglich, aber sie liegt bestimmt bei deutlich über 100 Petabyte.

In der Big Data-Technologieumgebung verwenden viele Unternehmen daher Hadoop und ähnliche Technologien zur vorübergehenden Speicherung großer Datenmengen, bevor sie diese Speicher wieder für neue Daten freigeben. Der anhaltende Datenfluss lässt Analysten gerade genug Zeit, um die Daten etwas (häufig nur rudimentär) zu analysieren. Dieser Ansatz der Datenverwaltung wird das Enterprise Data-Warehouse (EDW) wahrscheinlich nicht entthronen, aber es zumindest ergänzen.

Der Umgang mit Big Data bringt gute und schlechte Nachrichten mit sich. Die gute Nachricht ist, dass viele Big Data-Technologien kostenlos (Open Source-Software) oder relativ kostengünstig (Standardserver) erhältlich sind. Insgesamt lassen sich Kapitalinvestitionen sogar vermeiden, da Hard- und Software häufig auch in der Cloud verfügbar sind und dort relativ kostengünstig erworben werden können. Der Nachteil ist, dass die Gestaltung und Programmierung von Big Data-Technologien relativ arbeitsintensiv ist. Ihre Technologen und auch Sie selbst werden einige Zeit dafür verwenden müssen. Früher gab es in den Unternehmen nur eine Art der Datenspeicherung, nämlich in einer relationalen Datenbank auf einem Großrechner. Heute und in absehbarer Zukunft gibt es viele unterschiedliche Technologien, und man sollte nicht wahllos irgendwelche Systeme von IBM, Oracle, Teradata oder SAP kaufen. Um Fehlentscheidungen zu vermeiden, sollten Sie sich diese Systeme zunächst einmal anschauen und miteinander vergleichen.

Aber es gibt nicht nur Neues rund um Big Data. Die erwähnten Technologien werden zur Speicherung oder zur Umwandlung der Daten von einem unstrukturierten oder teilweise strukturierten Format in geordnete Zahlenreihen und -spalten verwendet. Sobald sie in diesem Format sind, können sie trotz ihrer Größe wie jeder andere Datensatz bearbeitet werden. Zur Analyse ist es sicher immer noch sinnvoll, mehrere Standardserver einzusetzen, aber die grundlegenden statistischen und mathematischen Algorithmen für die Analyse haben sich nicht viel verändert.

Die Umwandlung von unstrukturierten Daten in strukturierte Zahlen ist auch nicht sonderlich neu. Solange ich mich mit der Analyse von Text-, Sprach- und Videodaten beschäftige, müssen Daten für die Analyse zunächst einmal in Zahlen umgewandelt werden.

Die Zahlen können darstellen, wie häufig ein bestimmtes Muster an Wörtern oder Pixeln in den Daten erscheint, oder ob der Text oder die Sprachtöne ein positives oder negatives Gefühl vermitteln. Neu daran sind die Geschwindigkeit und Kosten, mit denen diese Umwandlung realisiert werden kann. Man sollte jedoch bedenken, dass diese Umwandlung erst dann sinnvoll ist, wenn die Daten mithilfe von Analytics zusammengefasst, analysiert und miteinander abgeglichen werden können.

Die Werkzeuge, die Unternehmen zur Analyse von Big Data verwenden, unterscheiden sich nicht viel von denen, die Datenanalysten bereits früher verwendet haben. Hierzu gehören statistische Programme wie die proprietären Lösungen SAS oder SPSS und R aus der Open Source-Community. Im Gegensatz zu traditionellen hypothesenbasierten statistischen Analysen, bei denen der Analyst oder Entscheidungsträger eine Hypothese erstellt und diese dann auf ihre Eignung hin mit den Daten testet, werden Big Data-Analysen eher mittels maschinellem Lernen durchgeführt.

Diesen Ansatz bezeichnet man auch als *automatische Modellierung*; er passt zu vielen unterschiedlichen Datenmodellen, um das bestmögliche Ergebnis zu finden. Der Vorteil des maschinellen Lernens ist, dass Modelle in kürzester Zeit erzeugt werden können, um Beziehungen zwischen schnell fließenden Daten zu erklären und vorherzusagen. Der Nachteil des maschinellen Lernens ist, dass normalerweise Ergebnisse erzielt werden, die schwer zu interpretieren und zu erklären sind. Wir wissen nur, dass das Computerprogramm festgestellt hat, dass bestimmte Variablen im Modell wichtig sind. Der Grund dafür ist eventuell nur schwer nachzuvollziehen. Bei der Geschwindigkeit und dem Volumen von Daten in der Big Data-Welt ist maschinelles Lernen jedoch für manche Situationen wichtig.

Der Big Data-Stapel

Wie bei allen strategischen Technologietrends bringt Big Data auch neue, hoch spezialisierte Features mit sich, die sich von den bisherigen Anwendungen (Legacy-Systems) unterscheiden. Abbildung 5.1

zeigt die üblichen Komponenten des Big Data-Stapels (Technologie-Schichten).

Jede einzelne Schicht wird rund um die große, unstrukturierte oder teilweise strukturierte Beschaffenheit von Big Data optimiert. Zusammen bilden diese beweglichen Elemente eine ganzheitliche Lösung, die fein auf die spezialisierte und leistungsstarke Verarbeitung und Lagerung von Daten abgestimmt ist.

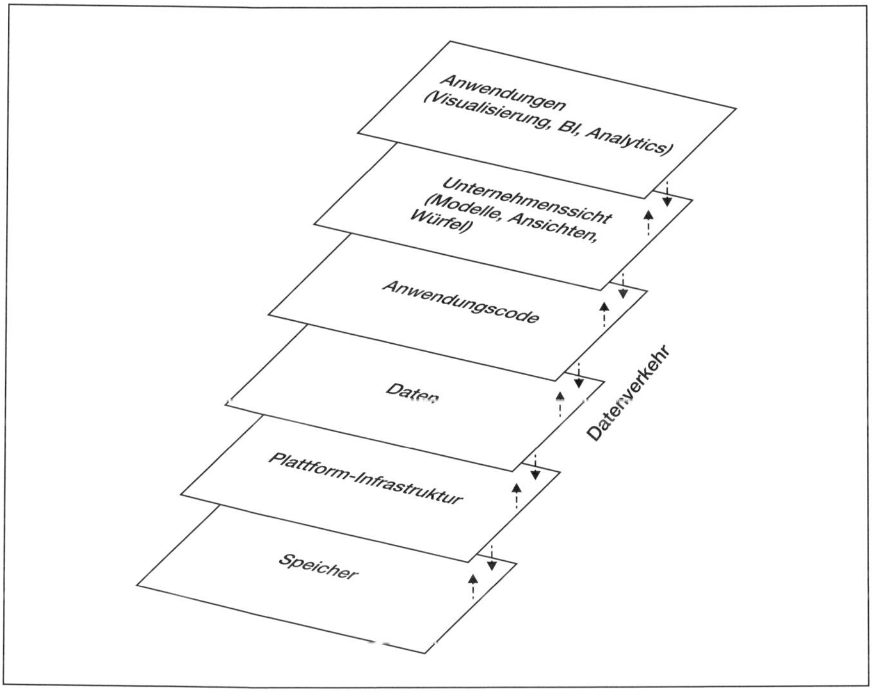

Abbildung 5.1: Der Big Data-Stapel
Quelle: SAS Best Practices, 2013.

Speicher

Mit Ausnahme der geringen Kosten stellt die Speicherung von Big Data grundsätzlich nichts Neues dar. Sie wird auf Festplatten für deutlich größere und vielfältigere Datenmengen immer wirtschaftlicher, da Festplattentechnologien immer günstiger und effizienter werden. Die Speicherung in Hadoop-Umgebungen erfolgt normalerweise auf mehreren Festplatten (Solid State-Speichermedien sind immer noch zu kostenintensiv) in Standardservern. Unternehmen wie EMC bieten Speicherlösungen an, bei denen die Festplatten schnell und ohne großen Kostenaufwand ergänzt und Speicherplätze bei wachsenden Datenmengen problemlos erweitert werden können. In der Tat ist Hadoop für viele IT-Manager eine zunehmend attraktive Alternative für die Archivierung und das schnelle Abrufen von großen Mengen archivierter Daten.

Plattform-Infrastruktur

Die Big Data-Plattform besteht normalerweise aus einer Sammlung von Funktionen für die leistungsstarke Verarbeitung von Big Data. Sie ermöglicht die Integration, Verwaltung und Anwendung der komplexen rechnergestützten Datenverarbeitung. Normalerweise enthalten Big Data-Plattformen eine Hadoop-Basis, die man sich als ein Ausführungsmodul von Big Data vorstellen kann. Diese ist erstaunlich leistungsfähig, wie Tim Riley, Informationsarchitekt beim Versicherungsgiganten USAA, in einem Interview erläutert: „Zu Beginn war uns schon klar, dass es viele Verwendungsmöglichkeiten für Hadoop gibt. Also haben wir ein paar Daten ins Hadoop geladen. Nach einigen schnellen Kalkulationen stellten wir fest, dass die wenigen Daten, die wir gerade ins Hadoop geladen hatten, die Kapazität unseres Data-Warehouses bereits gesprengt hätten. Das war wirklich beeindruckend."[1]

In der Praxis haben sich Open Source-Technologien wie Hadoop zu einer Art Standard für die Verarbeitungsplattform von Big Data entwickelt. In der Tat hat das Aufkommen derartiger Technologien die Diskussionen über Analyselösungen grundlegend verändert. Unternehmen, die noch kein Data-Warehouse betreiben (z. B. viele junge Start-up-Unternehmen), können komplexe Aufgabenstellungen mit einer einzigen Hadoop-Plattform aufteilen und große Mengen unstrukturierter Daten für eine Analyse vorbereiten.

Dennoch sollte man Hadoop nicht als ultimative Lösung für eine Plattform-Infrastruktur von Big Data verstehen. Es war nur eines der ersten Tools, das man zu diesem Zweck verwendet hat, aber es sind bereits mehrere Alternativen auf dem Markt. In großen Unternehmen kann Hadoop, wie ich etwas später in diesem Kapitel beschreiben werde, neben traditionellen Plattform-Infrastrukturen für Enterprise Data-Warehouses und Data-Marts bestehen.

Daten

Die Relevanz von Big Data hat ähnliche Ausmaße angenommen, wie die der Anwendungen, die für Big Data entwickelt wurden. Um nur einige Anwendungsbereiche zu nennen: Big Data können menschliche Genomsequenzen, Sensoren von Ölbehältern, Verhaltensweisen von Krebszellen, Lagerorte von Produkten auf Paletten, Social Media-Interaktionen oder Vitalzeichen eines Patienten sein. Die Datenschichten im Stapel implizieren, dass die Daten separate Werte sind und eine separate Verwaltung und Steuerung der Daten gewährleistet ist.

In einer Umfrage unten Datenmanagement-Experten aus dem Jahr 2013 zeigte sich, dass 71 % der insgesamt 339 teilnehmenden Unternehmen angaben, dass sie mit der „Planung" ihrer Big Data-Strategien „noch nicht begonnen haben".[2] Die Befragten gaben an, dass ihre Bedenken bezüglich Qualität, Abgleich, Aktualität und Sicherheit von Daten der wichtigste Hinderungsgrund für die Einführung von Big Data seien. Da Big Data für viele Unternehmen neu ist oder sie sich noch in der Experimentierphase befinden, hat das Management von Big Data auch noch eine niedrigere Priorität als das von geringen Datenmengen. Wenn ein Unternehmen oder eine Branche immer noch mit der Datenintegration und -qualität grundlegender Transaktionsdaten zu kämpfen hat, wird es noch eine Weile dauern, bis man sich mit Big Data auseinandersetzen wird.

Dies trifft beispielsweise auch für die Gesundheitsbranche zu, in der derzeit elektronische Patientenaktensysteme implementiert werden. Allen Naidoo, Vizepräsident Advanced Analytics bei Carolinas HealthCare, formuliert es folgendermaßen: „Es ist zwar eine große Herausforderung, aber man sollte unbedingt die bisher praktizierte Art der Datenanalyse priorisieren und gleichzeitig Daten, Technologien und andere Ressourcen integrieren."[3] In der Tat plant der Gesundheitsdienstleister, Gendaten in seine Big Data-Roadmap zu integrieren, sobald einige der komplexeren politischen Probleme und Fragen der Governance im Zusammenhang mit diesen Daten formalisiert wurden.

Die meisten Unternehmen befinden sich noch am Beginn der Debatte über den verantwortungsvollen Umgang mit Big Data, so auch Carolines Health Care. Diese Problematik war schon herausfordernd genug für interne strukturierte Daten, und die meisten Unternehmen mussten sich mit Fragen auseinandersetzen wie „Wem gehören Kundendaten?" oder „Wer ist für die Aktualisierung unserer Artikelstammdaten verantwortlich?". Da sich Big Data aber häufig außerhalb des Unternehmens befinden (im Internet, dem menschlichen Genom oder in Ortungssensoren von Mobiltelefonen), ist Data-Governance hier oft kompliziert. Das Eigentum an den Daten ist viel weniger klar, und die Verantwortlichkeiten für das Datenmanagement sind in den meisten Fällen auch noch nicht bestimmt. Daher werden wir uns mit dem Thema Big Data-Governance noch eine Weile auseinandersetzen müssen.

Anwendungscode

Ebenso wie sich Big Data je nach betriebswirtschaftlicher Anwendung unterscheidet, kann sich der Code zur Verarbeitung der Daten verändern. Hadoop verwendet ein Verarbeitungs-Framework namens MapReduce, das nicht nur Daten auf unterschiedliche Festplatten verteilt, sondern ihnen auch komplexe rechnergestützte Anweisungen gibt. Im Einklang mit der hohen Leistungsfähigkeit der Plattform werden die MapReduce-Anweisungen parallel auf unterschiedlichen Knoten der Big Data-Plattform verarbeitet und schnell wieder zusammengefügt, um eine neue Datenstruktur oder Antworten auf verschiedene Fragen bereitzustellen.

„Finde die Anzahl aller einflussreichen Kunden, die uns in den sozialen Medien gelikt haben." ist ein Beispiel für eine Big Data-Anwendung in Hadoop. Eine Text Mining-Anwendung könnte nun Social Media-Transaktionen nach folgenden Wörtern durchsuchen: *Fan, Liebe, gekauft* oder *toll* und eine Liste mit den einflussreichsten Kunden erstellen, die sich derart positiv geäußert haben.

Die zwei Open Source-Skriptsprachen Apache Pig und Hive setzen auf Hadoop auf und bieten eine übergeordnete Sprache zur Ausführung der MapReduce-Funktionalität im Anwendungscode.

Pig beschreibt Operationen wie Lesen, Filtern, Umwandeln, Zusammenführen und Schreiben von Daten. Sie ist eine Java übergeordnete Sprache (d. h. Pig Latin, die Pig-Sprache, wird in Java übersetzt) und erhöht die Produktivität der Programmierung. Andere Unternehmen verwenden zu diesem Zweck die Open Source-Skriptsprache Python. Hive hat ähnliche Funktionen, ist aber eher batch-orientiert und kann Daten in das relationale Format für SQL-Abfragen (Structured Query Language; wird für den Zugriff und die Manipulation von Daten in Datenbanken verwendet) umwandeln. Sie ist daher besonders geeignet für Analysten, die mit dieser Abfragesprache vertraut sind.

Unternehmenssicht

An dieser Stelle des Big Data-Stapels werden Big Data zur weiteren Analyse aufbereitet. Je nach Anwendung werden weitere Verarbeitungsschritte mit MapReduce oder einem individuellen Code durchgeführt, um eine vorübergehende Datenstruktur, wie z. B. ein statistisches Modell, eine Datei mit strukturiertem Text (flat file), eine relationale Tabelle oder einen Datenwürfel, zu erzeugen. Diese Datenstrukturen können zur weiteren Analyse oder Abfrage durch ein traditionelles SQL-Abfragetool verwendet werden. Viele Anbieter setzen zunehmend sogenannte „SQL auf Hadoop"-Konzepte ein, da SQL schon seit einigen Jahrzehnten verwendet wird und viele Menschen (und höhere Programmiersprachen) SQL-Abfragen erstellen können. Durch diese Unternehmensansicht ist gewährleistet, dass Big Data mit den Tools und dem Know-how, das bereits im Unternehmen vorhanden ist, besser verarbeitet werden kann.

Anwendungen

In dieser Schicht werden die Ergebnisse der Big Data-Verarbeitung analysiert und von Anwendern oder anderen Systemen dargestellt, um automatisierte Entscheidungen zu treffen. Die Analyse von Big Data unterscheidet sich, wie gesagt, nicht grundlegend von der traditionellen Datenanalyse, mit der Ausnahme, dass sie eher mittels maschinellem Lernen (Tools zum automatisierten Anpassen von Modellen; engl. automated model fitting tools), schnelleren Verarbeitungstools wie In-Memory und High-Performance Analytics und visuellen Analysen durchgeführt wird. All diese Werkzeuge haben sich für diesen Teil des Big Data-Stapels als nützlich erwiesen.

Viele Unternehmen, die mit Big Data arbeiten (und somit auch mit traditionellen Analysen geringer Datenmengen), bevorzugen die visuelle Darstellung von Ergebnissen. Im Gegensatz zu speziellen Business Intelligence-Lösungen und den unhandlichen Excel-Tabellen von früher sieht der Manager heute seine Ergebnisse mithilfe von Visualisierungswerkzeugen direkt in einer graphischen Darstellung.

Abbildung 5.2 zeigt zwei unterschiedliche Datenansichten. Das linke Bild gruppiert Anrufausfälle nach den Generationen der Netzwerktechnik (2G, 3G, 4G). Das Bild rechts zeigt, dass sich die Verteilung der Anrufausfälle von Stunde zu Stunde verändert. So sind beispielsweise die Anrufausfälle im 4G-Netzwerk bei Anrufbeginn gegen 17.00 Uhr prozentual höher. Mit diesen Informationen kann ein Netzbetreiber Ursachen für die Netzwerkprobleme sowie mögliche Auswirkungen auf umsatzstarke Kunden untersuchen. Sie können bei Problemfällen an einen Servicetechniker weitergeleitet werden, was die Reaktionszeit des Unternehmens reduziert. Das alles erfolgt in einem Bruchteil der Zeit, die man früher benötigt hat, um Daten aus unzähligen Rechnungs- und Kundensystemen zu finden, darauf zuzugreifen, sie zu laden und zu konsolidieren.

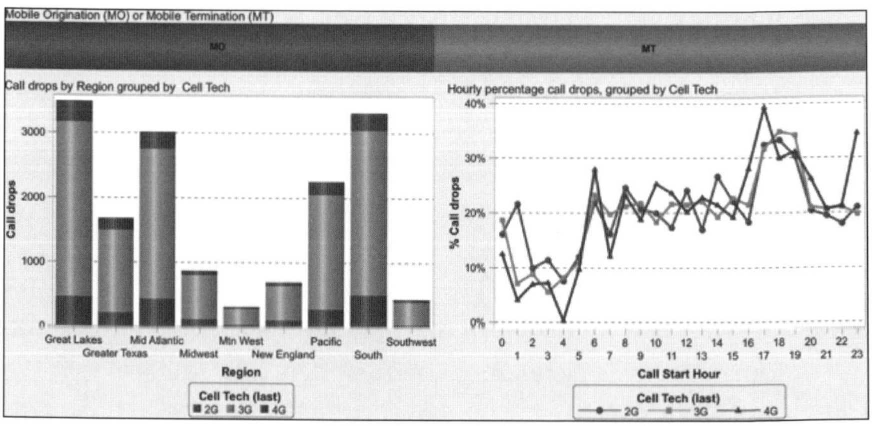

Abbildung 5.2: Datenvisualisierung eines Mobilfunkanbieters
Quelle: SAS Visual Analytics.

Obwohl Datenvisualisierungen für Führungskräfte recht attraktiv sind, so sind sie schwer zu erstellen, sobald der primäre Output ein multivariates Prognosemodell ist, denn der Mensch kann Darstellungen in mehr als zwei Dimensionen nur schwer verstehen. Einige Programme zur Visualisierung von Daten wählen dann genau die Darstellung aus, die für die jeweilige Datenart und Anzahl von Variablen am besten geeignet ist. Wenn der primäre Output einer Big Data-Analyse eine automatisierte Entscheidung ist, wird natürlich keine Visualisierung benötigt. Computer würden als Input Zahlen statt Bilder bevorzugen!

Eine weitere Möglichkeit für die Anwendungsschicht im Big Data-Stapel ist die Erstellung einer *automatischen Geschichte* im Textformat. Big Data-Anwender sprechen oft davon, „mit Daten eine Geschichte zu erzählen", aber sie verwenden hierzu viel zu selten Geschichten (im Gegensatz zu Grafiken). Bei diesem Ansatz, wie ihn Unternehmen wie Narrative Sciences und Automated Insights verwenden, wird eine Geschichte aus Rohdaten erzeugt. Ursprünglich nutzten die Unternehmen die automatische Erstellung von Geschichten dazu, um Sportreportagen zu generieren. Heute wird diese Technik auch auf Finanz- und Marketingdaten sowie für viele andere Anwendungsbereiche angewendet. Deren Befürworter streben zwar nicht nach dem Literatur-Nobelpreis, sie sind aber überzeugt davon, dass diese Tools aus Daten ganz gute Geschichten schreiben können – in manchen Fällen sogar besser als Menschen.

Der Big Data-Stapel ist natürlich nicht immer isoliert. In großen etablierten Unternehmen muss er neben anderen Technologien für Data-Warehousing und Datenanalyse bestehen bzw. darin integriert werden. Diese Integration wird im nächsten Abschnitt zur Sprache kommen.

Integration von Big Data-Technologien

Zahlreiche Unternehmen möchten Big Data-Technologien heute nutzen, verfügen aber bereits über eine Vielzahl bestehender Datenumgebungen und -technologien, die sie verwalten müssen. In ihrem ständigen Bestreben, den Weg eines Patienten durch alle Bereiche der Behandlungskette nachvollziehen zu können, haben Gesundheitsdienstleister ein Auge auf Big Data-Technologien geworfen, um den Behandlungszyklus des Patienten vom ersten Arztbesuch und der Diagnose bis hin zur Rehabilitation und Nachuntersuchung steuern zu können. Dieses Lebenszyklusmanagement beinhaltet strukturierte und unstrukturierte Big Data – wie Social Media-Interaktionen, ärztliche Aufzeichnungen, bildgebende Verfahren und Arzneimittelverordnungen – und kann eine echte Bereicherung für die Patientenakte sein. Diese Daten können dann in Hadoop gespeichert, wieder in die operativen Systeme zurückgeführt oder zur weiterführenden Datenanalyse über ein Data-Warehouse oder Data-Mart vorbereitet werden.

Abbildung 5.3 zeigt eine einfache Big Data-Umgebung mit einem Hadoop im Zentrum der Datenspeicherung und -verarbeitung. Sie könnte typisch für ein kleines Big Data-Start-up sein, da hier nicht die übliche Technologieumgebung zur Verwaltung von kleinen Mengen an strukturierten Daten vorgesehen ist.

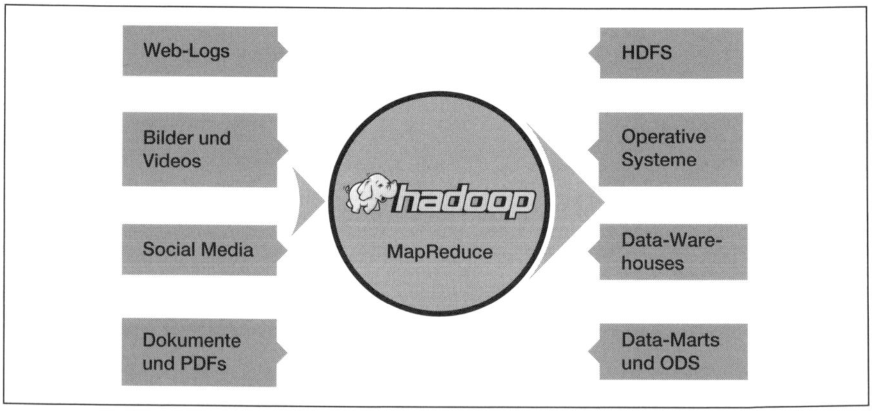

Abbildung 5.3: Mögliche Big Data-Umgebung
Quelle: SAS Best Practices

Im Beispiel sind die Datenquellen selbst heterogen und enthalten unterschiedliche unstrukturierte und teilweise strukturierte Datensätze wie E-Mails, Webserver-Logs oder Bilder. Diese Datenquellen findet man zunehmend außerhalb der Firewall des Unternehmens. Gerade

Unternehmen mit produktionsorientierten Big Data-Umgebungen benötigen schnellere und kostengünstigere Verfahren, um große Mengen atypischer Daten verarbeiten zu können. Man bedenke nur die Computerleistung, die Energieunternehmen benötigen, um Datenströme aus Verbrauchssystemen zu verarbeiten, oder Handelsunternehmen, um Wege ihrer Kunden im Geschäft mithilfe deren Smartphones aufzuzeichnen, oder auch LinkedIn, um Empfehlungen von Millionen Kollegen abzugleichen.

Betrachten wir Hersteller von Spiele-Software, die ihre Kunden mit deren Freunden über Online-Videospiele miteinander verbinden können: „Vor Big Data hatten wir eine durchaus typische Architektur", erklärt eine Führungskraft eines Herstellers in einem Interview. „Wie viele andere Unternehmen hatten wir Data-Warehouses und zahlreiche ETL-Programme, und unsere Daten waren 'sehr ruhig'. Dadurch war auch unsere Datenanalyse eher rückwärtsorientiert." Das Unternehmen restrukturierte nun nicht nur seinen Analysetechnologie-Stapel, sondern auch die Grundsätze, nach denen die Daten verarbeitet werden – wobei die Schwerpunkte auf der betriebswirtschaftliche Relevanz und Skalierbarkeit lagen. Die IT-Abteilung des Unternehmens übernahm Hadoop und begann mithilfe moderner Analysealgorithmen, bessere Vorhersagen zu erstellen, und so seine Angebote und Preisgestaltung zu optimieren. Ein Manager erklärt dies folgendermaßen: „Nachdem wir die Big Data-Technologie wirklich nutzen konnten, konzentrierten wir uns auf die Rolle des Spielers. Dadurch konnten die Daten rund um den Spieler präzisiert werden, und wir erhielten eine einzelne Identität. So konnten wir den Spieler den Spielen, seinen Freunden, den Spielen seiner Freunde, seinen Zahlungsmodalitäten und dem Kaufverhalten sowie seinen Präferenzen beim Spielen zuordnen. Die Daten sind für uns der Klebstoff, der alles miteinander verbindet."[4]

Hadoop gibt den Unternehmen die Möglichkeit, Daten schnell zu erfassen, zu verarbeiten und zu speichern. Aufgrund des hervorragenden Preis-/Leistungsverhältnisses verwenden manche Unternehmen Hadoop auch als Ersatz für ein Data-Warehouse und nutzen teilweise die bekannten SQL-Abfragesprachen, sodass die Anwender Big Data besser verarbeiten können. Andere große Unternehmen haben Millionen Euro in etablierte Analysesysteme wie Enterprise

Data-Warehouses (EDW) investiert und beabsichtigen nicht, diese in der nächsten Zeit auszutauschen.

Vorgehensweise der meisten großen Unternehmen

Die klassische Analyseumgebung in den meisten großen Unternehmen besteht aus operativen Systemen, die als Datenquellen dienen, einem Data-Warehouse oder einer Sammlung verbundener Data-Marts, die die Daten beherbergen und – idealerweise – Analysefunktionen integrieren, sowie einer Reihe von Business Intelligence- und Analysewerkzeugen, die Entscheidungen durch Ad hoc-Abfragen, Dashboards und Data-Mining ermöglichen. Abbildung 5.4 zeigt eine typische Data-Warehouse-Umgebung in einem großen Unternehmen.

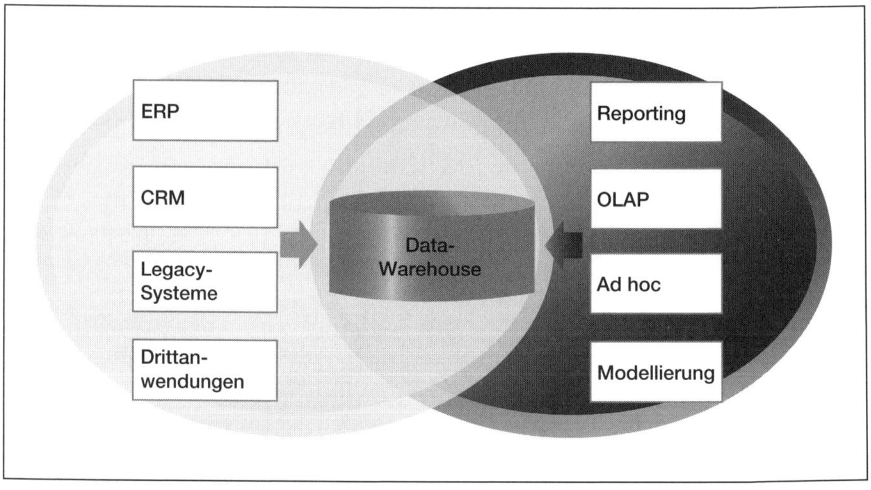

Abbildung 5.4: Eine typische Data-Warehouse-Umgebung
Quelle: SAS Best Practices

In der Tat haben große Unternehmen Dutzende Millionen Dollar in Hardware-Plattformen, Datenbanken, ETL (extract, transform, and load)-Software, BI-Dashboards, moderne Analysetools, Wartungsverträge, Upgrades, Middleware und Speichersysteme mit robusten, professionellen Data-Warehouse-Umgebungen investiert.

Bestenfalls konnten die Unternehmen mit diese Umgebungen das Kaufverhalten ihrer Kunden über alle Kanäle und Beziehungen besser verstehen, Verkaufsprozesse sowie Preisgestaltung und Verpackungen optimieren und aussagekräftigere Gespräche mit Interessenten führen und somit ihre Marken aufwerten. Schlimmstenfalls haben Unternehmen zu viel in diese Technologien investiert. Oft zahlen sich diese Investitionen nicht aus, und die Unternehmen müssen ihre Data Warehouse-Infrastrukturen als uneinbringliche Kosten mit marginalem betriebswirtschaftlichem Wert verbuchen.

Je ausgereifter die Analyseumgebung eines Unternehmens ist, umso wahrscheinlicher stellt sie eine Kombination aus Erfolgen und Niederlagen dar. In manchen Fällen wurden die EDWs Opfer ihres eigenen Erfolgs und dienen als beliebter zugänglicher Speicher nicht nur für zu analysierende Daten, sondern auch für Daten aus Produktionstransaktionssystemen. Unternehmen, die EDWs derartig verwenden, können einen Teil ihrer bunt gemischten Daten mithilfe von Big Data-Tools in ihren Warehouses entladen. Es ist zwar sehr unwahrscheinlich, dass Hadoop und andere Big Data-Technologien Data-Warehouses generell ersetzen werden, aber sie spielen künftig eine maßgebliche Rolle dabei, die Entscheidungen im Unternehmen zu unterstützen.

Idealerweise sehen Unternehmen BI und Analytics nicht als einzelne Projekte, die auf eine zentralisierte Plattform fokussiert sind, sondern als eine Reihe von Geschäftsmöglichkeiten, die über einen gewissen Zeitraum umgesetzt werden und eine gemeinsame Infrastruktur und wiederverwendbare Daten nutzen. Big Data bietet neue Möglichkeiten, um diese Vision auszubauen und das zu verwirklichen, was etablierte Systeme bisher nicht optimal umsetzen können.

Zusammenfügen der einzelnen Komponenten

Große Unternehmen, die viel in ihre Data-Warehouses investierten, haben im Allgemeinen weder die Ressourcen noch das Interesse, eine funktionierende Umgebung zu ersetzen. Abbildung 5.5 zeigt eine sinnvolle Kombination aus Alt und Neu. Die meisten Unternehmen verfolgen eine derartige Koexistenz-Strategie, bei der das Beste aus bisherigem Data-Warehouse sowie Analyseumgebung und neue leistungsfähige Big Data-Lösungen miteinander kombiniert werden.

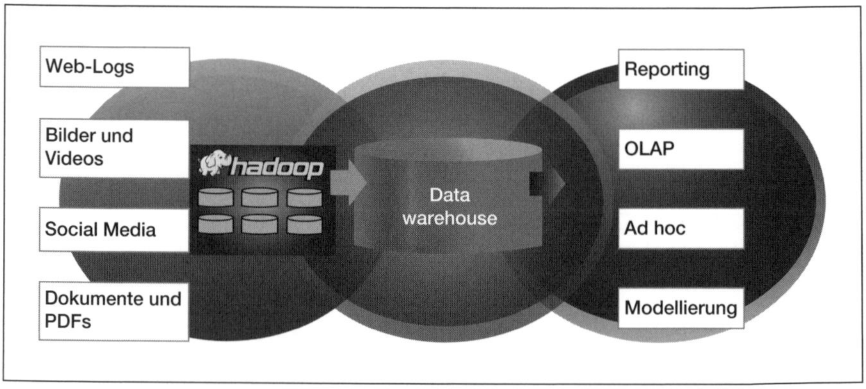

Abbildung 5.5: Koexistenz von Big Data und Data-Warehouse
Quelle: SAS Best Practices

Viele Unternehmen verlassen sich nach wie vor auf etablierte Data-Warehouses für die Standard-BI und das Reporting von Datenanalysen, wie z. B. regionale Verkaufsberichte, Kunden-Dashboards oder Beurteilung des Kreditrisikos. In diesem neuen Umfeld kann das Data-Warehouse nach wie vor sein normales Arbeitspensum erledigen, indem es Daten aus operativen Legacy-Systemen verwendet und historische Daten speichert, um traditionelle Business Intelligence und Analyseergebnisse zu unterstützen. Diese operativen Systeme können auch in Big Data-Umgebungen integriert werden, wenn sie für Rechenprozesse oder zur Erforschung von Rohdaten benötigt werden. Ein Unternehmen kann das Arbeitspensum der richtigen Plattform zuordnen, je nachdem, für welchen Zweck diese Plattform konzipiert wurde.

Diese Koexistenz unterschiedlicher Datenumgebungen reduziert Unterbrechungen von bestehenden Analysefunktionen auf ein Minimum und treibt gleichzeitig neue oder strategische Geschäftsprozesse voran, die von der erhöhten Geschwindigkeit profitieren könnten. Abbildung 5.5 zeigt, dass die Big Data-Umgebung als Datenquelle für das Enterprise Data-Warehouse dienen kann. Alternativ kann Hadoop als Bereitstellungs- und Erkundungsbereich für Daten dienen, die schließlich im Data-Warehouse zur nachfolgenden Analyse gespeichert werden können. Man spricht hier von „den ersten Stufen im Prozess der Informationsverfeinerung". Manche Unternehmen nutzen diesen ersten „Vorprozess"-Schritt bereits zur Datenumwandlung, Exploration und Erkennung von Mustern und Trends, obwohl es auch andere Möglichkeiten für eine derartige Discovery-Plattform gibt, wie z. B. die Teradata Aster-Anwendung.

Es gibt sicher auch andere – und letztlich komplexere – Alternativen zur Datenspeicherung und -verarbeitung in größeren Unternehmen. Eine große Bank betreibt beispielsweise vier Varianten: ein Hadoop-Cluster, eine Teradata Aster Big Data-Anwendung, ein „kleines" Data-Warehouse mit wenigen Einschränkungen bei der Datenverwaltung, und ein „mächtiges" EDW. Weshalb unterstützt das Unternehmen so viele Varianten, und welche Auswirkungen hat diese große Auswahl?

Zunächst einmal hat die Bank ein großes Teradata EDW. Wie all diese Umgebungen ist es nicht allzu schnell und beweglich bei der Datenspeicherung, insbesondere wenn die Daten relativ unstrukturiert sind. Der Anstieg unstrukturierter Datenarten wirkt sich negativ auf die zugrunde liegenden relationalen Datenmodelle aus, auf denen fast alle EDW basieren. Der ETL (extract, transform, and load)-Prozess zur Datengewinnung aus Transaktionssystemen und die Überführung in ein EDW waren schon immer etwas mühsam. Aber mit riesigen Mengen an Hochgeschwindigkeitsdaten wird es zum echten Problem. Dennoch ist das EDW immer noch der beste Ort für Anwendungen auf Produktionsebene mit einem analytischem Fokus (Propensity Scoring, Erkennung von Betrugsversuchen in Echtzeit usw.).

Die erwähnte Bank verfügt auch über einige kleinere Teradata-Warehouses (auch „Teradata Lite" genannt), bei denen der Prozess des Datentransfers etwas weniger strukturiert ist. Diese Warehouses sind normalerweise viel kleiner und zielgerichteter – fast wie bei einem Data-Mart –, und die Daten sind weniger sensibel und dauerhaft. Dies sind also zwei Möglichkeiten, um Daten zu speichern, die analysiert werden sollen.

Was steht als nächstes auf der Liste mit alternativen Plattformen? Wie viele andere Unternehmen schätzt die Bank das Preis-/Leistungsverhältnis von Hadoop-Clustern und hat daher in eines investiert. Das Ergebnis ist ein schnelles, günstiges Tool zur Untersuchung und Speicherung von Daten sowie für erste rudimentäre Analysen. Hadoop-Plattformen verfügen allerdings nur über eingeschränkte Sicherheits-, Backup-, Versionskontroll- oder sonstige Hygienefunktionen zum Datenmanagement, sodass sie nur zur Exploration von Daten und zur vorübergehenden Speicherung von unkritischen und ungesicherten Daten geeignet sind. Und für die Arbeit werden datenwissenschaftliche Kenntnisse (Hadoop, MapReduce, Skriptsprachen) benötigt. Die Datenmanager der Bank machten sich zwar Gedanken darüber, ob die Kosten für diese Fähigkeiten die Einsparungen der Hard- und Software für diese Plattform aufwiegen, bisher wurden jedoch noch keine formellen Wirtschaftlichkeitsprüfungen durchgeführt.

Die Bank hat mit Teradata Aster eine weitere Plattform zur Exploration von Big Data angeschafft, die eine schnelle Datenverarbeitung – beispielsweise Sessionizing zur Identifizierung von Navigationspfaden beim Onlinebanking – sowie ein paar Analysefunktionen ermöglicht. Für das Unternehmen ist es zudem vorteilhaft, dass ihre Analysten bei dieser Plattform SQL-Abfragen schreiben können, ohne dass neues und teures Know-how erworben werden muss.

Jede der vier Plattformen hat ihren speziellen Anwendungsbereich. Einige sind zur Langzeit-, andere zur vorübergehenden Speicherung von Daten geeignet. Manche sind zur Exploration, andere eher für die Produktion einsetzbar. Auf einigen Plattformen können umfangreiche Analysearbeiten durchgeführt werden, für andere muss man die Daten extern analysieren. Die Bank entwickelt derzeit ein Verfahren, aufgrund dessen man entscheiden kann, welche Daten wo gespeichert werden sollen. Die Verantwortlichen im Unternehmen finden es gut, dass diese Plattformen für das Datamanagement zur Verfügung stehen, man ist sich aber auch im Klaren darüber, dass die neue Umgebung viel komplexer ist als frühere Konzepte. Und wahrscheinlich wird es eher noch komplexer statt einfacher.

Ende 2013 gib es weltweit mehr Mobiltelefone als Menschen[5], was gleichermaßen eine riesige Gelegenheit und Herausforderung darstellt. Durch die Nutzung von Daten aus verschiedenen neuen Technologiequellen bekommen Unternehmen ein besseres Verständnis über das Kaufverhalten und die Vorlieben von Verbrauchern, unabhängig davon, ob diese bereits Kunden sind oder nicht. Big Data-Technologien sind nicht nur kostengünstiger für große Datenmengen, sondern sie unterstützen auch eine Reihe neuer Daten- und Gerätearten. Die Flexibilität dieser Technologien wird nur durch die Vision des jeweiligen Unternehmens begrenzt.

Durch die Neudefinition einer bestimmten betriebswirtschaftlichen Problemstellung können Unternehmen, die mit Big Data arbeiten möchten, die entsprechenden Kapazitäten besser spezifizieren und Big Data-Projekte oder Dienstleister, die ihnen Unterstützung bieten können, genauer adressieren. Dieser Ansatz kann sowohl für die Akquisition neuer Big Data-Technologien als auch für die Neugestaltung bestehender Architekturen nützlich sein, wenn diese an die „schöne neue Welt“ (nach dem Buch *Schöne neue Welt* von Aldous Huxley) von Big Data angepasst werden.

AKTIONSPLAN FÜR MANAGER

Der technische Aspekt von Big Data

- Falls Sie nicht in der IT-Abteilung arbeiten, haben Sie dann schon Gespräche mit der Abteilung geführt, wie man Big Data-Funktionalitäten in die bestehende IT-Architektur integrieren könnte?
- Haben Sie schon die ersten betriebswirtschaftlichen Probleme festgestellt, deren Lösung Sie mit Big Data-Technologien angehen könnten?
- Haben Sie bereits entschieden, welche bestehenden Technologien in Ihrem Unternehmen auch weiterhin eine Rolle spielen werden?
- Verfügen Sie über die richtige Technologie-Architektur und ausreichend Möglichkeiten, um Big Data-Lösungen zu entwickeln oder auf Ihre Anforderungen zuzuschneiden?
- Müssen diese neuen Lösungen mit Ihren bestehenden Plattformen kommunizieren können? Falls dies der Fall ist, wie können Sie dies sicherstellen? Gibt es Open Source-Projekte und -Tools, die Ihnen einen Vorsprung verschaffen können?
- Sofern Sie nicht alle benötigten Big Data-Basistechnologien auf einmal anschaffen möchten, können Sie die wichtigsten Big Data-Lösungen nacheinander beschaffen und die entsprechenden Budgetressourcen für die einzelnen Stufen bereitstellen?

6

Wie Sie erfolgreich mit Big Data arbeiten

In diesem Kapitel werde ich beschreiben, wie Sie mit Big Data und der dazugehörigen Technologie erfolgreich sein können. Einige dieser Aspekte habe ich bereits in anderen Kapiteln angesprochen, möchte nun aber noch detaillierter darauf eingehen. Da sich die Kapitel 7 und 8 Big Data in kleinen (und Online-) bzw. großen Unternehmen widmen, werde ich mich in diesem Kapitel nicht auf eine bestimmte Unternehmensgröße beziehen.

Ein Wiedersehen mit dem DELTA-Modell

Vor einigen Jahren habe ich das DELTA (*d*ata, *e*nterprise, *l*eadership, *t*argets, *a*nalysts)-Modell zur Entwicklung von analytische Fähigkeiten im Unternehmen entworfen. Ich freue mich, dass dieses Modell seit dem in vielen Unternehmen verwendet wird. Es wurde auch als Basis für ein Bewertungs-Tool beim International Institute for Analytics eingesetzt, einem Unternehmen, das ich vor einigen Jahren mitgegründet habe. Dieses Bewertungsmodell habe ich nun für Big Data angepasst (siehe Anhang).

Da das DELTA-Modell in meinem Buch *Analytics at Work* eingehend beschrieben wird und sich weitgehend auf traditionelle Datenanalysen bezieht, werde ich nicht näher darauf eingehen. Dennoch ist es nützlich, die fünf Faktoren des Modells für Big Data und traditionelle Datenanalysen gegenüberzustellen.

Ein Unterschied besteht zum Beispiel darin, dass die Faktoren bei Big Data unterschiedliche Akzente haben (Abbildung 6.1). Nachstehend werde ich beschreiben, inwiefern und inwieweit sich diese Akzente unterscheiden, und wo der Fokus bei Big Data bei jedem Faktor liegt.

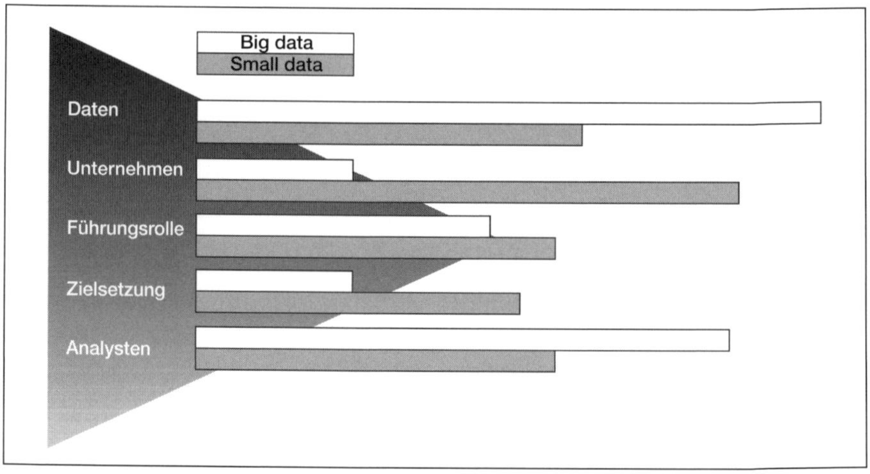

Abbildung 6.1: Das DELTA-Modell für traditionelle Datenanalysen und Big Data

Daten für Big Data

Die Daten selbst sind natürlich einer der wichtigsten Faktoren, die über den Erfolg von Big Data-Initiativen entscheiden. Abbildung 6.1 zeigt, dass den Daten im Big Data-Kontext deutlich mehr Aufmerksamkeit geschenkt wird, als bei traditionellen Analysen kleiner Datenmengen. Naturgemäß lässt sich nur schwer mit Big Data arbeiten, wenn man keine Daten hat. Neben der Tatsache, dass Daten ein Teil des Namens von diesem Phänomen sind, sind sie sehr wichtig, da ein wesentlicher Fokus der Bemühungen in der Erfassung, Verarbeitung und Strukturierung von Daten liegt, um diese für betriebswirtschaftliche Analysen vorzubereiten.

Die meisten der datenbezogenen Bemühungen bei Big Data-Projekten beziehen sich auf die Arbeitsschritte vor der Datenanalyse:

- Identifikation möglicher Datenquellen,
- Verarbeitung, um unstrukturierte in strukturierte Daten umzuwandeln, sowie
- Integration mehrerer Datenquellen in einen gemeinsamen Datensatz.

Viele Unternehmen sprechen in diesem Zusammenhang von den primären datenwissenschaftlichen Aktivitäten. Mit Ausnahme der Datenintegration sind diese Aktivitäten bei traditionellen Datenanalysen weniger gebräuchlich. Manche Aktivitäten, wie die Identifikation neuer und proprietärer Datenarten, sind aber ebenso wichtig in beiden Bereichen. Und schließlich gibt es bestimmte Datenmanagement-Aktivitäten, die bei traditionellen Datenanalysen ausgeprägter sind als bei Big Data.

Trotzdem haben aber bisher die meisten Unternehmen, die auf Big Data setzen, noch keine umfangreichen Bemühungen zum traditionellen Datenmanagement unternommen (wie z. B. zur Data-Governance, siehe Kapitel 5). Allerdings haben einige führende Unternehmen damit begonnen, datenwissenschaftliche Aktivitäten mit den Vorzügen des traditionellen Datenmanagements zu kombinieren. Fundierte Kenntnisse über Datenarchitekturen, Metadaten, Datenqualität und Korrekturverfahren, Datenverwaltung und Dashboards, Stammdatenverwaltung, Matching-Algorithmen und viele andere datenspezifischen Themen sind wichtig für Unternehmen, die auf Big Data als langfristiges strategisches Unterscheidungsmerkmal setzen. Die meisten Unternehmen, denen Data-Governance wichtig ist, werden Governance-Konzepte für alle Datenarten entwickeln. Die Versicherungsgesellschaft USAA verfolgt einen solchen Ansatz. Das Unternehmen ist seit langem führend in der IT-Technologie. Tim

Riley, Informationsarchitekt bei USAA, sagte dazu in einem Interview: „Wir integrieren Data-Governance in unsere Big Data-Prozesse. Wir fügen Metadaten und ordnen Datenklassifikationsstufen hinzu, um mehr über die Verwendung und den Verbrauch zu erfahren. Wir haben es mit neuen Datenarten zu tun, mit denen wir bisher nicht gearbeitet haben. Und wir heben dabei die benötigten Funktionen und Metadaten hervor." Shannon Gilbert, Geschäftsführer von BI Delivery and Governance erläutert: „Unsere Bemühungen zur Data-Governance erstrecken sich auf unsere gesamte IT-Umgebung. Sie umfassen unsere Data-Warehouses, Data-Marts und sogar die operativen Systeme. Immerhin betrachten wir Daten als Geschäftskapital und gehen unabhängig von der Anwendung auch so mit ihnen um."[1]

Während dieses Vorgehen bei der Data-Governance zweifellos gängige Geschäftspraxis ist, könnte von betriebswirtschaftlicher Seite (im Gegensatz zur IT) weniger Interesse an diesen Datenmanagementfunktionen bestehen. In der Tat sind mir Beschwerden zu Ohren gekommen, als IT-Mitarbeiter diese einführen wollten (allerdings nicht bei USAA). Ein Technologe bei einer Bank sagte, dass sein Unternehmen nach Wegen sucht, um Big Data schneller zu erkunden und kommentierte dann reumütig: „Dann geben wir sie in die EDV und dort verlangsamen sie sich dann drastisch." Data-Governance, Sicherheit und Zuverlässigkeit werden auch weiterhin Konfliktpotenzial zwischen ungeduldigen Datenwissenschaftlern sowie Big Data-Befürwortern und IT-Mitarbeitern haben.

In der *Daten*kategorie des DELTA-Modells berücksichtige ich normalerweise auch analytische Technologien. In der Big Data-Umgebung ist die Technologie allerdings eine so wichtige Ressource, dass sie ihren eigenen Buchstaben im Namen des Modells verdient hätte. Hierauf bin ich bereits in Kapitel 5 eingegangen. Wenn Sie das DELTA-Modell zur Beurteilung und Verbesserung Ihrer Big Data-Funktionalitäten verwenden möchten, können Sie die Modellbezeichnung in DELTTA ändern (das zusätzliche *T* steht dann für *Technologie*). Diese Version habe ich im Anhang verwendet.

Unternehmen: Koordination von Big Data und Small Data

Bei der traditionellen Datenanalyse sollte man unbedingt einen abteilungsübergreifenden Ansatz wählen und Daten, Technologie und Mitarbeiter gemeinsam im gesamten Unternehmen nutzen, um der analytischen Zielsetzung gerecht zu werden. Für Big Data-Pioniere – hauptsächlich Start-ups und Online-Unternehmen – war dies kein großes Problem. Die Menschen wollten nur etwas ins Laufen bringen. Die Zusammenhänge zu anderen Big Data- und Analyseinitiativen stellten hier keine große Herausforderung dar.

Diese Situation findet sich zu einem bestimmten Grad in großen Unternehmen, die Big Data-Programme implementiert haben – sie befinden sich noch in der Frühphase von Big Data und beschäftigen sich mit Machbarkeitsstudien oder der Datenerkennung statt mit Produktionsanwendungen. Daher befassen sie sich erst später mit der Rationalisierung von Ressourcen oder der Erzeugung projektübergreifender Synergien.

Dennoch gibt es einen Faktor, auf den ich in Kapitel 8 näher eingehen werde, der zu einer stärkeren Koordination im Unternehmen führt: die Integration von Big Data und traditionellen Datenanalysen in großen Unternehmen. Von 20 großen Unternehmen, mit denen ich über ihre Big Data-Initiativen gesprochen habe, betrachtete kein einziges Unternehmen Big Data getrennt von traditionellen Datenanalysen. Die gleichen Unternehmen und Mitarbeiter kümmerten sich um beide Bereiche mit einer Kombination aus verschiedenen Technologien. Meiner Meinung nach ist dies sinnvoll, da eine parallele Vorgehensweise nur zu Überschneidungen und Verwirrungen führt.

Obwohl Big Data- und traditionelle Datenanalysen in großen Unternehmen häufig miteinander kombiniert werden, ist ein hohes Maß an Koordination von Big Data-Projekten im gesamten Unternehmen derzeit eher unüblich. Die meisten Unternehmen, die kein Online-Geschäft betreiben, haben normalerweise nur ein oder zwei Big Data-Projekte, sodass hier kein großer Koordinierungsbedarf besteht. Vielleicht werden Unternehmen künftig mehrere Big Data-Initiativen in verschiedenen Abteilungen und Geschäftsbereichen verfolgen und diese mehr koordinieren müssen als bei traditionellen Analyseprogrammen. Im Moment ist dies jedoch nicht das Hauptproblem.

Die Führungsrolle für Big Data

Eine gute Führung ist ein entscheidender Faktor für erfolgreiche Projekte zur traditionellen Datenanalyse, und für Big Data gilt dies natürlich auch. Es gibt nicht viele Beispiele für Führungskräfte in Unternehmen, die sich wirklich für Big Data engagieren. Aus diesem Grund habe ich die Führungsrolle bei Analysen kleinerer Datenmengen in Abbildung 6.1 etwas stärker gewichtet. Dennoch unterscheiden sich Führungskräfte mit Big Data-Fokus leicht von denen, die sich bisher nur mit traditionellen Datenanalysen beschäftigten. Eine entscheidende Eigenschaft scheint ihre Bereitschaft zu sein, experimentelle Aktivitäten mit Daten im großen Stil zu unterstützen. Zumindest heute erfordert Big Data noch ein gewisses Maß an wohlbegründeter Zuversicht. Der ROI lässt sich im Voraus nur schwer ermitteln – insbesondere dann, wenn es um neue Produkte und Dienstleistungen oder schnellere Entscheidungsprozesse geht. Dies gilt insbesondere für die „Entdeckungsphase". Tasso Argyros, Mitbegründer von Aster Data (jetzt Teradata Aster) erläutert: „Es gibt nur selten ein Budget für die Entdeckungsphase."[2]

Aber es gibt Führungskräfte, die sich einfach an Big Data heranwagen. Bei LinkedIn beispielsweise wusste Mitgründer Reid Hoffman – der zudem auch PayPal mitgegründet hat –, dass die Nutzung von Online-Transaktionsdaten zahlreiche Möglichkeiten bietet. Es war primär seine Entscheidung, Datenwissenschaftler für die Produktentwicklung einzustellen. Diese ermutigte er nicht nur, neue Produkte und Dienstleistungen zu entwickeln, sondern gab ihnen sogar die Anweisung, ihn direkt zu kontaktieren, falls ihre Ideen im Prozess oder in der Hierarchie stecken bleiben.

Genau das tat Jonathan Goldman, ein Datenwissenschaftler bei LinkedIn, den Hoffman eingestellt hatte, als er die Idee für eine neue Anwendung hatte, die später als People You May Know (PYMK)-

Funktion eingeführt wurde.[3] Die Anwendung schlägt Menschen vor, mit denen sich Nutzer vernetzen könnten, die ähnliche Hintergrundeigenschaften besitzen. Goldman entwickelte eine erste Version von PYMK, stieß dann aber in der Abteilung Produktentwicklung auf Schwierigkeiten, diese Version auf die LinkedIn-Seite zu integrieren.

Nachdem Goldman sich mit seinem Problem an Hoffman gewandt hatte, erlaubte dieser ihm, eine Testanzeige auf die LinkedIn-Seite zu integrieren. Die Click-through-Rate auf diese Anzeige erzielte den höchsten Wert, der je erreicht wurde. Goldman verfeinerte die Funktion weiter und integrierte Vernetzungsaspekte, wie z. B. das *triangle closing*. Hierbei wird dem Nutzer mitgeteilt, dass die Chance recht groß ist, dass sich seine Kontakte Larry und Sue ebenfalls kennen könnten. Goldman und sein Team trafen auch alle erforderlichen Maßnahmen, um auf einen Vorschlag mit nur einem Click antworten zu können.

Die Top-Manager von LinkedIn machten PYMK unverzüglich zur Standardfunktion. Und dann ging es erst richtig los! In Kapitel 1 habe ich bereits angesprochen, dass PYMK-Nachrichten 30 % mehr Click-throughs erzielten als andere Aufforderungen, mit denen Menschen wieder auf die Website gelockt werden sollen. Millionen Nutzer besuchten die Seite mehrfach, was sie sonst nicht getan hätten. Dank dieser einen Funktion ist die Wachstumskurve von LinkedIn steil angestiegen; PYMK verschaffte LinkedIn mehrere Millionen neuer Nutzer. Ohne die Idee von Goldman und die Unterstützung von Hoffman wäre das nicht passiert.

Datenwissenschaftler müssen sich zwar nicht immer direkt an den Chef des Unternehmens wenden, aber es ist dennoch eine gute Idee, dass das Top-Management in den Anfängen von Big Data eine direkte Leitung für diese Mitarbeiter schafft. Zum Interesse am Experimentieren gehört auch, mögliche Hürden für die Implementierung innovativer Ideen und Angebote zu beseitigen.

Führungskräfte in Big Data-intensiven Unternehmen brauchen auch etwas Geduld. Zunächst einmal sollte man sich eine Weile mit den Daten beschäftigen, bevor man einen gewissen Nutzen von ihnen erwartet. Unter Umständen muss man sie sogar ein paar Jahre behalten, bevor man feststellt, wo ihr Nutzen liegt. Jeff Bezos von

Amazon ist bekannt für den Ausspruch: „Wir werfen niemals Daten weg." Der Grund für diese Vorgehensweise ist, dass man nie wissen kann, was für ein künftiges Produkt oder eine Dienstleistung wichtig sein könnte.

Für die Führungskräfte in Big Data-Unternehmen werden unter Umständen auch einige neue Stellenbezeichnungen benötigt. Meines Wissens nach gibt es noch keinen reinen „Senior Vice President of Big Data", aber es gibt Positionen, die diese Aufgabe beinhalten. Nora Denzel war beispielsweise bei Intiut Senior Vice President Marketing, aber auch für Big Data und Social Design (wobei *Big Data* sogar an erster Stelle ihres offiziellen Titels stand: Senior Vice President of Big Data, Social Design and Marketing). Es liegt auf der Hand, diese Aufgabengebiete miteinander zu kombinieren. Intuit optimiert seine Website, bindet seine Kunden an das Unternehmen und steigert deren Zufriedenheit mit Big Data – all dies sind klassische Marketingziele.

In der Vergangenheit hat Intuit sehr erfolgreich neue Produkte, Dienstleistungen und Funktionen auf der Basis von Big Data entwickelt. Bei der Steuersoftware TurboTax werden Anwender beispielsweise darüber informiert, wie wahrscheinlich es ist, dass ihre Steuererklärungen überprüft werden; diese Informationen basieren auf zurückliegende Kundenerfahrungen. Im Buchhaltungspaket Quickbooks bilden die Produkte, die Kunden kaufen und in ihren Finanzunterlagen auflisten, die Basis für zielgerichtete Angebote (sogenannte Easy Savers) mit Nachlässen auf diese Produkte. Sowohl Quickbooks als auch Mint, die persönliche Finanzseite von Intuit, informieren Geschäftsinhaber, wie ihre Leistungsindikatoren und Kosten im Vergleich zu anderen kleineren Unternehmen aussehen.[4]

Zudem gibt es neue Führungsrollen in Unternehmen, die eine Kombination von Big Data und Datenanalyse erfordern. Der Versicherungsgigant AIG hat beispielsweise den führenden Analysten Murli Buluswar als Chief Science Officer eingestellt. Er gehört zu der steigenden Zahl von Analysten der obersten Führungsebene (engl. C-level analytics executives) in großen Unternehmen. Buluswar ist für eine Vielzahl von Analyseprojekten und -gruppen sowohl mit geringen Datenmengen als auch mit Big Data verantwortlich. Sein

Team besteht aus Datenwissenschaftlern und klassischen quantitativen Analysten. Er kommentierte in einem Interview: „Seit Beginn unserer wissenschaftlichen Tätigkeit bei AIG lag unser Fokus auf traditioneller Datenanalyse und Big Data. Wir nutzen strukturierte und unstrukturierte Daten, Open Source- und klassische Analyse-Tools. Wir kümmern uns um typische Versicherungsanalysen, wie z. B. die Preisoptimierung, und auch um einige exotische Big Data-Probleme in Kooperation mit dem MIT. Das ist und bleibt ein integrierter Ansatz."[5]

Derzeit werden weitere Positionen dieser Art mit einer Vielzahl unterschiedlicher Titel geschaffen. Eine Variante ist der Chief Data Officer (CDO), der in großen Banken recht geläufig ist. Prinzipiell halte ich es für eine gute Idee, die Verantwortung für die Datenverwaltung und Data-Governance mit der Anwendung von Daten, also der Datenanalyse, zu verknüpfen. In der Praxis verbringen jedoch die meisten CDOs einen Großteil ihrer Zeit mit der Verwaltung und weniger mit der Analyse von Daten, zumal auch die meisten von ihnen über keine fundierten Kenntnisse in der Datenanalyse verfügen.

Natürlich gibt es auch Ausnahmen: Als CDO war John Carter bei Equifax dafür verantwortlich, die analytischen Fähigkeiten im Unternehmen aufzubauen – musste sich aber trotzdem noch mit vielen Problemen der Datenverwaltung beschäftigen. Und Carter hat einen Doktortitel in Statistik! Heute arbeitete er bei Charles Schwab in einem anderen Bereich. Er ist Senior Vice President of Analytics, Insight, and Loyalty, eine Position, in der er einen größeren Fokus auf die Bereiche legen kann, in denen das Unternehmen Big Data nutzen sollte.

Es gibt auch eine neue analyseintensive Position bei eBay. Zoher Karu, der für die Analyseaktivitäten bei Sears verantwortlich war, ist neuer Vice President of Customer Optimization and Data. Er erzählte mir, dass die Stelle ursprünglich mit dem Schwerpunkt Analyse von Kundendaten ausgeschrieben war. Karu war aber überzeugt davon, dass der Begriff „Optimierung" einen stärkeren Fokus auf Ergebnisse impliziere.[6] Andere Unternehmen wie McGraw-Hill setzen Chief Digital Officers ein, um Big Data und Datenanalysen umzusetzen und Onlinekanäle zu verwalten. Die Bank of America und Wells

Fargo kombinieren ebenfalls diese Positionen, verwenden jedoch nicht diesen Titel dafür.

Und schließlich gibt es noch die Titel der obersten Führungsriege (C-Level), die ausschließlich auf Datenanalysen fokussiert sind. FICO, das University of Pittsburgh Medical Center und die Obama 2012 Campaign sind drei Unternehmen mit Chief Analytics Officern. Möchten Sie professionelle Datenanalysen durchführen – nicht nur Datenverwaltungsaktivitäten für Big Data – und diese in vielen unterschiedlichen Abteilungen und Geschäftsbereichen Ihren Unternehmens nutzen, dann sollten Sie eine solche Position ins Leben rufen.

Zielsetzung für Big Data

Zielsetzung bedeutet, dass ein Unternehmen entscheidet, in welchen Bereichen es Big Data und Datenanalysen anwendet. Soll die Ressource auf höherer Ebene für Logistik-, Kunden-, Finanz- oder Personalentscheidungen eingesetzt werden? Priorisiert man beispielsweise Kundenentscheidungen, dann gilt es, weitere Entscheidungen zu treffen: Segmentierung der Kunden nach Kundenart, um bessere Angebote zu erstellen; Identifikation von Kunden, die abwandern möchten; Belohnung der treusten Kunden etc. Mit Datenanalysen lassen sich nicht alle Aufgabenstellungen auf einmal lösen, sodass man sich Ziele setzen sollte.

Die Formulierung klarer Ziele stand jedoch eher im Fokus der konventionellen Datenanalyse als von Big Data in der kurzen Zeit ihrer Koexistenz. Bei Big Data-Projekten probieren viele Unternehmen erst einmal bestimmte Dinge aus, um zu schauen, ob es funktioniert. Projekte werden häufig deshalb gewählt, da sie gut geeignet scheinen oder das Management bzw. die Beteiligten experimentieren möchten. Nur selten werden gezielte Versuche unternommen herauszufinden, welches Projekt am wichtigsten oder strategisch sinnvollsten wäre.

Eine Organisation kann nicht alle Möglichkeiten von Big Data mit einem Mal für alle Aufgaben- oder Geschäftsbereiche ausrollen, die hiervon profitieren könnten. Eine zielgerichtete Vorgehensweise ist daher unerlässlich. Im Management sollten Sie Antworten auf folgende Fragen erarbeiten:

- Wo verfügen wir über bedeutende Datenressourcen, die wir bisher noch nicht genutzt haben?
- Welcher Geschäftsprozess benötigt am ehesten eine bessere Entscheidungsfindung?
- In welchen Bereichen würden wir am ehesten von einer schnelleren Entscheidungsfindung profitieren?
- Verarbeiten wir große Datenmengen, die mithilfe von Big Data-Technologien zu einer Kostenreduktion führen könnten?
- Wie können wir datenbasierte Produkte oder Dienstleistungen entwickeln, und in welchen Geschäftsbereichen wären diese am ehesten relevant und nützlich?
- Wird sich ein anderes Unternehmen in unserer Branche mit Big Data einen Wettbewerbsvorteil verschaffen? Falls dies der Fall ist, wie werden sie Big Data wahrscheinlich verwenden?

Da die Nutzung von Big Data für neue Produkte und Dienstleistungen relevant sein kann (über die interne Entscheidungsunterstützung hinaus), sollte sich die zielgerichtete Verwendung von Big Data-Initiativen auch auf die Produktentwicklung und strategischen Prozesse erstrecken. Fällt bei der Entwicklung eines neuen Produkts vielleicht noch eine Big Data-Beigabe ab – vielleicht in Form einer Dienstleistung? Wenn man an disruptive Innovationen in der Branche denkt, inwiefern könnte Big Data dazu beitragen?

Analysten für Big Data

Diesen Faktor habe ich bereits in Kapitel 4 im Zusammenhang mit dem menschlichen Faktor von Big Data erläutert. Die Frage ist die, ob clevere Analysten bei Big Data noch genauso wichtig sind wie bei den traditionellen Datenanalysen. Die Bedeutung von Datenwissenschaftlern ist bei Big Data-Analysen wahrscheinlich größer als die von quantitativen Analysten in den „alten Tagen". Das mag aber vor allem daran liegen, dass sie so schwer zu finden sind (und eine schneidige neue Stellenbezeichnung führen). Die Kombination aus technischen und analytischen Fertigkeiten, die ein erfolgreicher Datenwissenschaftler haben sollte, ist eine knappe Ressource (siehe Kapitel 4). Wir brauchen – unabhängig von der Datenart – kluge und intelligente Menschen für die Datenanalysen. Und wenn man sein Geschäft rund um Big Data und Datenanalysen aufbaut, wie Google, GE, LinkedIn und andere bekannte Namen, dann werden Hunderte solcher Menschen benötigt.

Andere Faktoren im Zusammenhang mit Big Data

Bei der Arbeit am Buch *Analytics at Work* (zusammen mit Jeanne Harris und Bob Morison) war es meine erste Idee, nicht nur das DELTA-Modell sondern auch das FORCE-Modell zu beschreiben. Hier handelt es sich nicht nur um eine etwas seltsame Kombination von Akronymen, sondern es ist ein überaus komplexer Ansatz, um analytische Fähigkeiten zu entwickeln und zu erhalten. FORCE bedeutet:

- *Tatsachenbezogene (engl. **F**act-based)* Entscheidungsfindung
- *Organisation (engl. **O**rganization)* von Analysten und anderen Ressourcen
- Kontinuierliche *Überprüfung (eng. **R**eview)* von betriebswirtschaftlichen Annahmen und Analysemodellen
- Stärkung der *Kultur (eng. **C**ulture)* analytischer Entscheidungen und von Test-and-learn-Strategien
- *Einbetten (engl. **E**mbedding)* von Datenanalysen in wichtige Geschäftsprozesse

Diese Faktoren sind auch für Big Data wichtig. Die meisten davon werden im Laufe des Buches angesprochen. In diesem Kapitel gehe ich auf die Stärkung der Kultur analytischer Entscheidungen (Culture) und auf das Einbetten von Datenanalysen in die wesentlichen Geschäftsprozesse (Embedding) ein. Da wir diese Themen in *Analytics at Work* eingehend erläutert haben, verweise ich Sie im Zusammenhang mit traditionellen Datenanalysen auf dieses Buch. Die nächsten Abschnitte beziehen sich auf die spezielle Thematik mit Big Data.

Kultur

Gibt es eine Big Data-Kultur? Oder, um es präziser zu formulieren, unterscheidet sich die Big Data-Kultur von einer analyseorientierten Kultur? Die Unterschiede sind sehr subtil. Ein Unternehmen, das erfolgreich mit Big Data arbeiten möchte, sollte clevererweise eine Kultur adaptieren, die Wert auf analytische und tatsachenbezogene Entscheidungen legt. Im Zusammenhang mit der Big Data-Kultur habe ich folgende Attribute beobachtet:

- *Ungeduld mit dem Status quo und ein Gefühl für die richtigen Prioritäten:* Diese Eigenschaft findet man häufig bei erfolgreichen Unternehmen jeder Größe und Ausrichtung, sie ist jedoch besonders ausgeprägt bei Big Data-Start-ups. Die Datenwissenschaftler und Manager, mit denen ich Gespräche geführt habe, waren überzeugt davon, dass der Big Data-Markt viele Geschäftsmöglichkeiten bietet und „die Beute" denjenigen vorbehalten ist, die am schnellsten sind. Eine Auswirkung ist, dass diese ungeduldigen Menschen weiterziehen werden, wenn sich ihr Arbeitgeber nicht schnell genug entwickelt.
- *Starker Fokus auf Innovation und Exploration:* Big Data-Unternehmen zeichnen sich durch permanente Innovation und Experimentierfreudigkeit aus, um mehr über ihre Geschäftsabläufe und ihre Kunden herauszufinden. Google war vielleicht das erste Big Data-Unternehmen und prägt diese Kultur. Jeder Mitarbeiter wird ermutigt, innovativ zu sein, Ingenieure werden ermutigt, einen Teil ihrer Arbeitszeit für die Entwicklung neuer Produkte zu verwenden. Laut Hal Varian, dem Chefökonom von Google, führt das Unternehmen jedes Jahr ungefähr 10.000 kontrollierte Experimente durch – etwa die Hälfte zu suchbezogenen Innovationen und die andere Hälfte zu Werbung. Google versucht sogar, Anzeigenkunden (mithilfe des Programms Advertiser Campaign Experiments) und Verleger dazu zu bewegen, ebenfalls mehr zu experimentieren.
- *Glaube an Technologie als bahnbrechende Kraft:* Für die Pioniere von Big Data sind technische Innovationen genauso wichtig wie Dateninnovationen. Datenwissenschaftler von Google, Yahoo! und Facebook haben neue Tools entwickelt und diese sogar als Open

Source-Projekte zur Verfügung gestellt (MapReduce, Hadoop, Pig und Hive stammen ursprünglich aus diesen Unternehmen). Google und Amazon leisten Pionierarbeit bei Hard- und Software sowie Technologien für Datenzentren. Die Datenwissenschaftler von LinkedIn haben nach eigenen Angaben selbst von Open Source-Technologien profitiert und stellen daher einen Teil der von ihnen entwickelten Technologien ebenfalls als Open Source-Projekte zur Verfügung. Big Data-Pioniere werden ihre technologischen Innovationen wahrscheinlich fortführen, und einige von ihnen werden diese sicher mit dem Rest der Welt teilen. Auf dieses Attribut von Big Data Start-ups und Online-Unternehmen werde ich in Kapitel 7 eingehen.

- *Kultur des Engagements:* Die Führungskräfte von Unternehmen, die mit Big Data erfolgreich sein wollen, sind bereit, sich ehrgeizige, hochgesteckte Ziele zu setzen – und sind in dieser frühen Big Data-Phase in großen Unternehmen besonders mutig. Google ist entschlossen, das selbst-fahrende Auto Realität werden zu lassen – ein Projekt, das auf Big Data gegründet ist. Das Management-Team und der Verwaltungsrat stellten einige Milliarden USD zum Aufbau der benötigten Software- und Big Data-Kapazitäten zur Verfügung. Selbst für ein großes Unternehmen wie GE wäre das ein hoher Einsatz. Falls Big Data in Ihrem Führungskreis bisher nicht einmal diskutiert wurde, sollten Sie dies dringend nachholen!
- *Leistungsorientiertes Unternehmen mit flachen Hierarchien:* Big Data-Pioniere sind überzeugt davon, dass gute Ideen aus jeder Ecke des Unternehmens kommen können. LinkedIn, eines der erfolgreichsten Unternehmen in der Entwicklung von neuen Produkten und Dienstleistungen mit Big Data, wurde von Reid Hoffman mitgegründet. Seine Unterstützung für Jonathan Goldman bei der Entwicklung der People You May Know (PYMK)-Funktion habe ich bereits angesprochen.

  Diese Art leistungsorientierter Förderung ist eine persönliche Philosophie von Hoffman: „Ich möchte einzelne Fachkräfte ermutigen, erfolgreicher zu sein, und die Produktivität von uns Menschen in allen Branchen und Ländern steigern. Ich wünsche mir ein Unternehmen, das den einstigen Standard von Hewlett-Packard im Silicon Valley erfüllt – einen tollen Arbeitsplatz für hochqualifizierte Mitarbeiter, der eine Erfahrung für sie darstellt, von der sie noch lange zehren werden, auch nachdem sie das Unternehmen verlassen haben."[7]

Natürlich ist es noch zu früh, um von einer Kultur und anderen Attributen bei Big Data-Unternehmen zu sprechen. Und einige Manager sind vielleicht der Meinung, dass allein die Änderung der Kultur, von Führungsrollen oder anderer Attribute im Unternehmen zu Big Data-Initiativen führe – das ist, als würde der Schwanz mit dem Hund wedeln. Trotzdem. Die Änderungen sind notwendig und wichtig, denn Big Data ist eine viel zu wichtige Ressource, um es nicht zu versuchen. Außerdem bringen die meisten dieser Änderungen weitere Vorteile mit sich.

Einbettung von Big Data

Embedding im Sinne des FORCE-Modells versteht sich als *Einbettung* von Big Data und der damit verbundenen Datenanalysen in die wichtigsten Geschäftsabläufe und Entscheidungsprozesse eines Unternehmens. Hierbei geht es nicht um vollautomatisierte Prozesse, denn Menschen können die von den automatisierten Systemen empfohlenen Maßnahmen immer noch überprüfen und außer Kraft setzen. Automatisierungselemente sind jedoch wichtig, um zu gewährleisten, dass die Datenanalysen und Big Data zeitnah und effizient genutzt werden.

Da Big Data und deren Analysen in der Gesellschaft und in Unternehmen immer stärker an Bedeutung gewinnen, werden wir zukünftig weder die Zeit noch die personellen Ressourcen haben, um all diese den zuständigen Führungskräften für die Entscheidungsfindung präsentieren zu können. Und hören wir nicht immer häufiger über den irrationalen Entscheidungsprozess vieler Menschen, sodass wir eigentlich in vielen Fällen automatisiertere analytische Entscheidungen bevorzugen sollten?

Als Big Data auftauchte, standen auch die Analysen kleiner Datenmengen erst am Anfang der Automatisierung. Heute haben wir keine andere Wahl als Big Data-basierte Analysen in unsere Geschäftsprozesse zu integrieren. Manche Analysten sprechen hierbei von *smart*

BPM (business process management, Geschäftsprozessmanagement), andere – wie James Taylor – bevorzugen den Begriff *enterprise decision management* (Verwalten, Automatisieren und Verknüpfen von Unternehmensentscheidungen). Unabhängig von der Bezeichnung des Verfahrens werden wir uns in Zukunft mehr mit diesen Themen auseinandersetzen. In vielen Bereichen der Finanzbranche ist dies bereits heute Realität, und andere Branchen werden in den nächsten Jahren nachziehen.[8]

So gibt es eine Anwendung, die Landungen und Abflüge am Londoner Flughafen Heathrow verwaltet; sie wurde von der Heathrow Airport Holding (früher British Airport Authority) entwickelt.[9] Der Flughafen fertigt pro Jahr rund 65 Millionen Passagiere ab und seine Start- und Landebahnen sind mit 1.300 Flügen pro Tag zu 98 % ausgelastet. Für einen erfolgreichen Flugbetrieb ist es daher unerlässlich, schnelle und richtige Entscheidungen für startende und landende Flugzeuge zu treffen. Durch die Verkürzung von Rollzeiten lassen sich beispielsweise die Kohlendioxidemissionen pro Jahr um bis zu 30.000 Tonnen reduzieren.

Im Laufe der letzten Jahre hat Heathrow ein halbautomatisiertes System zur Organisation des Flugbetriebs eingeführt, das Airport Collaborative Decision Making (A-CDM). Mit einer Reihe von Entscheidungsregeln und Prozessabläufen erzeugt und koordiniert dieses System automatisch alle Abläufe rund um den Flugverkehr, z. B. wann genau ein Flugzeug landet, an welches Gate es rollen soll, wie viel Gepäck ausgeladen und wann das Flugzeug aufgetankt wird, wann die nächste Crew ankommt, wann die Passagiere einsteigen und wann es vom Gate ablegen und starten soll. Heathrow arbeitet mit dem smart BPM-Anbieter Pegasystems zusammen. Bereits nach der ersten (zweimonatigen) Testphase des Systems erhöhte sich die Anzahl pünktlicher Starts von 60 auf 85 %.

Die Entscheidungsregeln werden nach und nach durch Prognose- und Optimierungsmodelle ergänzt, um die operative Leistung des Systems und des gesamten Flughafens weiter zu verbessern. Das System von Heathrow wurde mit anderen Flughäfen im europäischen Netzwerk verbunden, sodass man mehr Daten über ein- und ausgehende Flugzeuge bekommt. Und im Big Data-Zeitalter verfügt das System über immer mehr Daten aus Sensoren in den

Start- und Landebahnen, an Flugzeugen, Tankfahrzeugen oder Gepäckwagen. Ohne automatisierte Verfahren könnten Menschen eine solche Datenmenge niemals bewältigen.

Es wird deutlich, dass die autonome Ära von Big Data und Datenanalysen bald beendet sein wird. Zukünftig werden immer mehr Computer statt Menschen den Output von Big Data-Analysen erhalten. Diese werden Anweisungen für Menschen und andere Maschinen generieren, die dann wiederum mehr Daten über ihre Betriebsabläufe und Leistungen erzeugen werden. Kann der letzte Mensch, der das Big Data-Gebäude verlässt, dann bitte das Licht ausmachen?

AKTIONSPLAN FÜR MANAGER

Was ist notwendig, um mit Big Data erfolgreich zu sein?

- Verfügen Sie bereits über eine beeindruckende Sammlung von Daten zu den wichtigsten betriebswirtschaftlichen Aufgaben, die Sie nutzen können?
- Koordinieren Sie bereits die Big Data- und Analyseprojekte in Ihrem Unternehmen?
- Geben Sie und Ihr gesamtes Management Ihre volle Unterstützung für Big Data und Datenanalysen?
- Haben Sie verschiedene Ziele festgelegt, die Sie mit Ihren Big Data-Projekten erreichen möchten?
- Verfügen Sie über so viele Datenwissenschaftler und Analysten, wie Sie benötigen?
- Unterstützt Ihre Unternehmenskultur Entscheidungen, die auf der Basis von Big Data getroffen, und Produkte bzw. Dienstleistungen, die auf der Basis von Big Data entwickelt werden?
- Denken Sie bereits darüber nach, wie Sie Big Data-Analysen in automatisierte Systeme und -prozesse einbinden können?

7

Was Sie von Start-ups und Online-Unternehmen lernen können

Big Data-Aktivitäten fanden zunächst hauptsächlich in Unternehmen mit Online-Produkten und -Dienstleistungen statt – Google, eBay, Yahoo!, Facebook, LinkedIn etc. – sowie bei Start-ups im Online- und verwandten Bereichen. Dank dieser Unternehmen gibt es heute die Position des Datenwissenschaftlers und viele Big Data-Disziplinen. In diesem Kapitel werde ich erläutern, was wir von diesen Pionieren lernen können. Nicht alle sind für große Unternehmen (z. B. Banken) nützlich, aber man sollte sie zumindest in Betracht ziehen. Für diejenigen unter Ihnen, die bei einer großen Bank arbeiten: in Kapitel 8 wird die Anwendung von Big Data in großen Unternehmen beschrieben. Damit Sie besser nachvollziehen können, wie Big Data in kleinen und großen Unternehmen genutzt wird, werde ich Ihnen in diesem und im nächsten Kapitel einige Beispiele geben.

Für Start-ups und Online-Unternehmen war Big Data zunächst ein unbeschriebenes Blatt. Da die meisten dieser Unternehmen neu und von Beginn an im Datengeschäft waren, mussten sie sich keine großen Gedanken darüber machen, wie man Big Data am besten in kleinere, strukturierte Datenarten integriert. Einige hatten bereits eine konventionelle Informationsinfrastruktur für interne Anwendungen, wie die Hauptbuchhaltung und die Gehaltsabrechnung, etabliert, ihr jedoch bisher nicht viel Beachtung geschenkt. Ihr Fokus lag fast ausschließlich auf Big Data und üblicherweise kümmerten sich die Entwicklungsabteilung oder das Produktmanagement und weniger die IT-Abteilung darum. Häufig haben kleinere Start-ups nicht einmal eine IT-Abteilung; dieser Bereich wurde ausgegliedert.

Einige der Big Data-Erfahrungen von Start-ups wurden von den Erfahrungen der Silicon Valley-Unternehmen abgeleitet oder ähneln diesen. Hierzu gehört beispielsweise *Injunktion*, ein Begriff der vom Facebook-Gründer Mark Zuckerberg bekannt gemacht wurde, also sich „schnell zu bewegen und Dinge kaputt zu machen" und sich nicht zu scheuen, Fehler zu begehen. Eine andere Erfahrung ist die, sich ehrgeizige, hochgesteckte Ziele zu setzen und nicht nur auf das große Geld aus zu sein. Facebook hegt die Hoffnung, „die Welt offener zu machen und Menschen besser miteinander zu verbinden". Die erklärte Mission von Google ist es, „den weltweiten Informationsfluss zu organisieren und Informationen für jedermann zugänglich und nutzbar zu machen". Diese Lektionen sind in der Fachliteratur einschlägig bekannt. Ich möchte hier auf andere Erfahrungen eingehen, die insbesondere im Zusammenhang mit Big Data relevant sind.

Lektionen von Big Data-Start-ups und Online-Unternehmen

Seit Big Data-Start-ups und größere Online-Unternehmen den Begriff *Datenprodukte* geprägt haben, gibt es viele positive Lektionen, die Unternehmen von ihnen lernen können.

Big Data für Produkt- und Dienstleistungsinnovationen

In Kapitel 3 habe ich erläutert, dass einer der Vorteile von Big Data in der Entwicklung neuer Produkte oder Dienstleistungen liegt. Die meisten Beispiele hierfür findet man bei Google, LinkedIn, Facebook, Amazon etc. Meiner Meinung nach stellen Innovationen den größten Nutzen von Big Data dar. Unternehmen aus anderen Branchen sollten deshalb den Firmen aus dem „Valley" nacheifern. Den Fokus Ihrer Big Data-Aktivitäten auf Produkt-/Serviceinnovationen zu richten, könnte die wichtigste Erkenntnis aus den Erfahrungen dieser Unternehmen sein.

Natürlich ist das umso schwerer, wenn Ihr Unternehmen materielle Güter statt Daten anbietet. Die bislang bekannten (in der Entwicklungsphase befindlichen) Ansätze zur Nutzung von Big Data für Produkte mit angeschlossenen Dienstleistungen sind

- die Erfassung und Analyse von Daten, wie die Produkte verwendet werden,
- wann das Ende ihrer Nutzungsdauer erreicht ist und
- wie sie effektiv und effizient gewartet werden können.

Mit Big Data kann man auch Kunden über ihr Verhalten im Zusammenhang mit einem Produkt informieren, z. B. wie man ein Fahrzeug energieeffizienter fahren kann. Darüber hinaus können Daten in ein Produkt eingebettet werden, wie beim Tesla Model S. Mithilfe von Datenaufzeichnungen kann die Fahrzeugleistung überwacht, ein möglicher Wartungsbedarf angezeigt und der Fahrer über seine Kilometer- und Fahrleistung im Vergleich zu anderen Fahrern informiert werden.

Nutzen aus diesen Erkenntnissen zu ziehen, ist sicherlich schwer, wenn Ihr Kerngeschäft nicht mit Big Data oder verwandten Technologien in Zusammenhang steht. Es gibt trotzdem verschiedene Möglichkeiten für den Einstieg in Big Data, auch wenn Ihr Unternehmen groß und nicht besonders dynamisch ist. Sie könnten beispielsweise eine separate Unternehmenseinheit für den Verkauf von Daten, Wissen und Technologie implementieren. Genau das tat die UnitedHealth Group 1996 mit der Einführung von Ingenix (heute Optum), einem Geschäftszweig für den Verkauf von Daten, Erkenntnissen und Software an Unternehmen aus dem Gesundheitswesen.

Das Unternehmen ist organisch und durch einige Akquisitionen, die in Optum integriert wurden, gewachsen. Die Umsätze des Unternehmens belaufen sich heute auf mehr als 25 Milliarden USD pro Jahr. Optum als Teil der UnitedHealth-Unternehmensgruppe zu etablieren, hat sich in einer Branche wie dem Gesundheitswesen als vorteilhaft erwiesen, zumal sich diese im Zeitalter von Analytics und Big Data im Umbruch befindet.

In der Anfangsphase kann es auch eine sinnvolle Alternative sein, Start-ups oder kleinere Unternehmen zu akquirieren, die sich auf die Nutzung und den Verkauf von Big Data spezialisiert haben. Dies zeigt wiederum ein Beispiel aus der Gesundheitsbranche, nämlich die Übernahme von Anvita Health durch Humana im Jahr 2011. Anvita liefert klinische Datenanalysen und Software an Unternehmen im Gesundheitswesen, und Humana war Kunde des Unternehmens. Heute hat Humana das Produktangebot von Anvita in sein breiteres Spektrum von Analysefunktionen und Big Data-Funktionalitäten integriert.

Die dritte Möglichkeit für einen gelungenen Big Data-Start ist eine Geschäftspartnerschaft. Intermountain Healthcare, ein Gesundheitsdienstleister aus Salt Lake City mit 22 Krankenhäusern und 200 Kliniken, hat sich einen Namen für analysebezogene Behandlungsprozesse gemacht. 2011 gründete das Unternehmen das Homer Warner Center for Informatics Research, benannt nach einem Pionier für elektronische Patientenakten im eigenen Unternehmen. 2013 schloss sich Intermountain dann mit Deloitte zusammen, um Dienstleistungen und Lösungen für andere Gesundheitsunternehmen anzubieten. Da Intermountain über Daten aus 40 Jahren Geschäftsbetrieb und mehr als zwei Billionen Datenelemente aus seinen elektronischen Patientenakten verfügte, war der Zusammenschluss mit Deloitte hilfreich für andere Gesundheitsdienstleister, um die optimale Behandlung für unterschiedliche Erkrankungen zu finden.

Fokus auf Werkzeuge statt nur auf Anwendungen

Die Unternehmen, die sich als erstes mit Big Data beschäftigt haben, entwickelten nicht nur Analyseanwendungen, -produkte und -funktionen, sondern auch dazugehörige Werkzeuge. Zu diesem Zeitpunkt gab es noch keine Werkzeuge, mit denen man riesige Datenbanken auf mehrere Standardserver aufteilen konnte, sodass die Unternehmen diese erst entwickeln mussten. Glücklicherweise stellten die entwickelnden Unternehmen diese Werkzeuge auch anderen Unternehmen zur Verfügung (siehe nächster Abschnitt). Google entwickelte das MapReduce-Framework und stellte es 2004 im Rahmen einer Veröffentlichung von Jeffrey Dean und Sanjay Ghemawat vor.[1] Hadoop wurde von Doug Cutting von Yahoo! und Mike Cafarella, einem Professor an der Universität von Michigan, entwickelt. Die Skriptsprache Pig wurde 2006 ebenfalls bei Yahoo! entwickelt und die batch-orientierte Datenspeichersprache Hive bei Facebook. Die meisten dieser Unternehmen sind extrem erfolgreich, und die Entwicklung ihrer Werkzeuge hat sich keinesfalls negativ auf ihre Performance ausgewirkt (Yahoo! mag da eine Ausnahme darstellen, scheint jedoch derzeit wieder auf einem guten Weg zu sein).

Was veranlasste die Unternehmen dazu, diese Werkzeuge zu entwickeln? Der Grund ist, dass sie es mussten! Wenn man große Mengen an Echtzeitdaten zu vernünftigen Preisen verarbeiten und analysieren möchte, mussten sie neue Werkzeuge dafür entwickeln. Heutzutage gibt es viel mehr Big Data-Tools. Müssen Unternehmen dann immer noch neue entwickeln? Vielleicht nicht für die grundlegende Infrastruktur, da viele Anbieter mittlerweile in diesem Bereich tätig sind. Außerdem braucht die Welt wohl keine weitere Hadoop-Version.

Dennoch wird es weiterhin Bedarf an neuen Werkzeugen für bestimmte Daten geben. Möchte man beispielsweise Sensordaten aus Kühlschränken verwalten, so wird für das Datamanagement eine spezielle Software benötigt, um die Daten extrahieren und bearbeiten zu können.

Mehr Verantwortung für Datenwissenschaftler

Big Data-Start-ups geben ihren Datenwissenschaftlern oft viel Verantwortung. In manchen Fällen (z. B. Quid aus San Francisco oder Recorded Future aus Cambridge/Massachusetts) sind die CEOs sogar selbst Datenwissenschaftler. Bei LinkedIn sind sie direkt dem Management unterstellt (siehe Fallbeispiel „Big Data bei LinkedIn").

Natürlich findet man dieses Maß an Kompetenz und Autonomie nur selten in großen Unternehmen mit Tausenden von Mitarbeitern.

Falls dies auf Ihr Unternehmen zutrifft, versuchen Sie sicherzustellen, dass eine Person aus Ihrem Management den Datenwissenschaftlern in Ihrem Unternehmen Gehör verschafft, und dass ihre Arbeit etwas bewirkt. In manchen Unternehmen gibt es immer mehr digitalorientierte Führungskräfte. Das ist zwar sinnvoll, da Unternehmen so ein besseres Verständnis für Big Data bekommen, für angestellte Datenwissenschaftler bedeutet dies jedoch nicht unbedingt mehr Unterstützung.

Big Data bei LinkedIn

LinkedIn wurde Ende 2002 gegründet und ist mit mehr als 225 Millionen Mitgliedern heute das beliebteste Netzwerk für Geschäftskontakte. Viele Faktoren haben zum Erfolg von LinkedIn beigetragen, und Big Data ist sicherlich einer davon. Es gibt Big Data-Aktivitäten im gesamten Unternehmen, wie z. B. im Data Engineering-Team, im Data Products-Team, Business Analytics-Team oder im Product Data Science-Team. Der Begriff *Datenwissenschaftler* wurde erstmals bei LinkedIn verwendet, und derzeit beschäftigt das Unternehmen mehr als 100 davon.

Den Erfolg von LinkedIn bei der Entwicklung neuer Produkte und Funktionen (LinkedIn Skills, People You May Know, Talent Match, Similar Jobs, Groups You May Like etc.) habe ich ja bereits mehrfach angesprochen, aber Big Data spielt auch in vielen anderen Bereichen des Unternehmens eine Rolle. Vor kurzem hat LinkedIn eine Reihe neuer *unified search*-Funktionen eingeführt, bei denen Big Data genutzt wird, um die Art von Inhalten vorherzusagen, für die sich ein Anwender wahrscheinlich interessiert und um die Darstellung der Ergebnisse zu optimieren.

LinkedIn nutzt Big Data auch für interne Prozesse, wie Verkaufs- und Marketingkampagnen. So kann aufgrund interner Daten vorausgesagt werden, welche Unternehmen LinkedIn-Produkte kaufen und bei welchem Mitarbeiter die höchste Kaufwahrscheinlichkeit besteht. Daraus wurde ein internes Empfehlungssystem entwickelt, mit dem Außendienstmitarbeiter die Daten besser zentral verwalten können, sodass die Konversionsrate um mehrere Hundert Prozent gesteigert werden konnte.

Reid Hoffmann, Mitgründer von LinkedIn, ist ein starker Befürworter von Big Data: „Diese große Menge an Daten sind durch das Web 2.0 [Explosion von sozialen Netzwerken und der privaten Webnutzung] und die steigende Anzahl an Sensoren verfügbar. Ich bin überzeugt davon, dass es bei diesen riesigen Mengen an äußerst semantisch indizierten Daten über Menschen, Orte und allen Dingen, die für uns und unser Leben wichtig sind, eine Flut von interessanten Apps geben wird … Die Art und Weise, wie unsere Produkte und Dienstleistungen aufgebaut sind, wie wir unsere Strategie festlegen und einen Wettbewerbsvorsprung erlangen – wenn Daten dabei eine große Rolle spielen, und man nicht aktiv wird, dann ist das, als ob man ein Geschäft ohne Business Intelligence betriebe."*

* E. B. Boyd, „LinkedIn's Reid Hoffman on Groupon's Big Advantage: Big Data," *FastCompany.com* Blog-Post, http://www.fastcompany.com/1795868/linkedins-reid-hoffman-groupons-big-advantage-big-data.

Die Produktivität von Big Data-Aktivitäten steigern

Die besten Silicon Valley-Unternehmen haben herausgefunden, dass die menschliche Produktivität das größte Hindernis für ein Vorankommen mit Big Data darstellt. Datenwissenschaftler müssen einen großen Aufwand betreiben, um Daten zu extrahieren, sie für die Analyse in ein strukturiertes Format zu bringen, Modelle zu erstellen und sie zu analysieren. Und die Arbeitskraft von Datenwissenschaftlern ist teuer. Aus diesem Grund beschäftigen sich führende Unternehmen – primär in datenintensiven Online-Unternehmen – mit dem Produktivitätsproblem in der Datenwissenschaft.

eBay war eines der ersten Unternehmen, das sich mit diesem Problem auseinandergesetzt und eine Vielzahl von Werkzeugen und Konzepten entworfen hat, um die Arbeit mit Daten zu beschleunigen. Die eBay-Manager entwickelten sogenannte *virtuelle Data-Marts*, d.h. Analyseumgebungen, die keine bestehenden Daten kopieren, sondern einzigartige Blicke auf und Analysen von Daten erlauben, um die Erzeugung von Datensätzen zur Analyse zu vereinfachen. Ein Data Hub ermöglichte das Teilen von Daten, Algorithmen und Erkenntnissen. Mit dem Data Lab von Teradate, das im Wesentlichen mithilfe der Ideen von eBay entstand, können auch andere Unternehmen ihre Produktivitätsprobleme angehen. EMC Greenplum hat eine Reihe von Werkzeugen (Pivotal Chorus) zur Beurteilung der Produktivität und Zusammenarbeit von Datenwissenschaftlern entwickelt.

LinkedIn beschäftigt sich ebenfalls mit der Produktivität seiner Datenwissenschaftler und hat eine Umgebung zum automatisierten A/B-Testen von Websites entworfen (Vergleich verschiedener Webdesigns in puncto Besuche oder Klicks). Das Unternehmen kann damit an jedem beliebigen Tag bis zu 2.000 Tests durchführen; die Analyse und Interpretation der Ergebnisse war jedoch sehr arbeitsintensiv. Deshalb haben die Datenwissenschaftler von LinkedIn über mehrere Monate Programme entwickelt, um A/B-Testergebnisse analysieren und Berichte darüber erstellen zu können. Die Systeme empfinden das nach, was ein Datenwissenschaftler oder -analyst mit den Tests tun würde. Innerhalb von 24 Stunden nach einem Test kennen sie nun die Auswirkungen auf bis zu 400 verschiedene Kenngrößen.

Wissen teilen

Viele der Anwendungen, die heute für die Datenwissenschaft eingesetzt werden – Hadoop, Pig, Hive, Python etc. –, sind Open Source-Produkte und wurden der Open Source-Community (insbesondere The Apache Foundation) von den Entwicklern zur Verfügung gestellt. Die meisten Entwickler legen großen Wert darauf, ihre Produkte der Big Data-Community zur Verfügung zu stellen. So schrieb eine Forschungsgruppe über LinkedIn:

> LinkedIn beteiligt sich am verteilten Datenmanagementsystem Voldemort und an mehr als zehn weiteren Open Source-Projekten. „Wir tragen etwas bei, andere tragen etwas bei, und gemeinsam kommen wir weiter" erklärt David Henke, Senior Vice President of Operations bei LinkedIn.[2]
>
> Ein anderer Datenwissenschaftler von LinkedIn erzählte mir:
>
> Wir arbeiten an verschiedenen Verbesserungen von Datenbanken, um eine Social Graph-Datenbank zu entwickeln. Auch diese werden wir als Open Source-Projekt zur Verfügung stellen. Es gibt zwar Überlegungen, es eventuell rechtlich schützen zu lassen, aber grundsätzlich sind wir bei LinkedIn überzeugt davon, das Open Source-Framework weiter auszubauen, da wir alle davon profitieren.

Natürlich kann man es hier auch übertreiben. Alle von mir angesprochenen Unternehmen behalten einen Teil ihres Big Data-Kapitals für sich. Wenn man aber alle Vorteile betrachtet, die Unternehmen durch Open Source-Software haben, sollte eigentlich jedes Unternehmen der Open Source-Community etwas zurückgeben.

Denken Sie daran: Agil ist zu langsam!

Graham Gardner, CEO von Kyruus, einem Big Data Start up in der Gesundheitsbranche aus Boston kommentierte: „Wir haben es mit einer agilen Vorgehensweise versucht [eine schnelle Methode zur Systementwicklung und zum Projektmanagement], aber damit waren wir einfach zu langsam." Kyruus führt fast täglich neue Versionen seiner Daten und Software ein (siehe Fallbeispiel „Big Data bei

Kyruus"). Und bei Interviews mit etwa 30 Datenwissenschaftlern im Jahr 2012 zeigten sich fast alle als ungeduldige Vorreiter. Einer der Gründe für das rasante Fortschreiten von Big Data ist die Ungeduld der beteiligten Akteure.

Aber natürlich bringt Ungeduld auch Nachteile mit sich. Durch Ungeduld bringen Unternehmen ihre Produkte und Dienstleistungen gegebenenfalls zu schnell auf den Markt. Im Silicon Valley gilt das aber quasi als Auszeichnung. Mitbegründer von LinkedIn und Risikokapitalanleger Reid Hoffman sagt dazu: „Wenn Ihr erstes Release Ihnen nicht peinlich ist, dann haben Sie es zu spät auf den Markt gebracht!" Es besteht jedoch die Gefahr, dass Produkte auf den Markt gebracht werden, die genauso viele Bugs wie Funktionen enthalten. Datenwissenschaftler werden allerdings schnell nervös, wenn sie das Gefühl haben, dass sie Dinge nicht schnell genug erreichen.

Big Data bei Kyruus

Kyruus wurde 2010 von dem Risikokapitalanleger und Arzt Graham Gardner gegründet. Julie Yoo, Leiterin der Technologie-Entwicklung, konzentriert sich auf Big Data für Ärzte. Das Unternehmen stellt Krankenhäusern, Versicherungs- und Pharmaunternehmen Daten zur Verfügung, mit denen sie Ärztenetzwerke besser verstehen können. Zielsetzung des Unternehmens war es, das „Bloomberg von Ärzteinformationen" zu werden.

Kyruus begann zunächst, seine Daten aus vielen unterschiedlichen Quellen zu sammeln, wie Personaldatenbanken, Ärztebewertungssystemen, elektronische Patientenakten und Logistikdatenbanken – insgesamt mehr als 1.000 öffentliche und kommerzielle Quellen. Das Unternehmen hatte verschiedene alternative Einnahmequellen aus dem Verkauf dieser Daten, aber eine erwies sich als die profitabelste, nämlich die Nachverfolgung von Patienten, die aus dem Netzwerk eines Krankenhauses abgewandert sind. Gardner erklärt die Bedeutung dieser Daten so: „Einige große Gesundheitssysteme klagten über Abwanderungsraten aus ihren Krankenhausnetzwerken von mehr als 50 %, wohingegen die Branchenführer über Raten von weniger als 20 % berichteten … Wenn wir diese Abwanderungsraten nur um einige Prozentpunkte veränderten, würden Systeme, die bisher mit Verlust arbeiten, plötzlich profitabel."[a]

Kyruus ist in drei Einheiten strukturiert: (1) Datenakquisition, -integration und -verarbeitung; (2) Datenanalyse sowie (3) Anwendungen und Benutzerschnittstellen. Die Plattform des Unternehmens umfasst Funktionen, um Daten anzuzeigen und zu analysieren.

a. Robert F. Higgins, Penrose O'Donnell, and Mehul Bhatt, „Kyruus: Big Data's Search for the Killer App," Case 813-060 (Boston: Harvard Business School, 2012), 13.

Kostenlose und günstige Produkte nutzen

Vor etwa zehn Jahren waren die Kosten für Computer, Datenverwaltung und -analyse ein wesentliches Hindernis für Big Data (sofern Big Data damals überhaupt schon verfügbar war). Heute machen Start-ups und Online-Unternehmen regen Gebrauch von günstigen und kostenlosen Ressourcen. Die Cloud ist beispielsweise eine dieser Ressourcen: Unternehmen wie Amazon (Elastic Compute Cloud oder Amazon EC2), Google (Compute Engine) und Microsoft (Windows Azure) stellen Rechenressourcen zu extrem geringen Kosten oder zumindest zu einem geringeren Kapitaleinsatz als früher zur Verfügung. Das ist für Start-ups natürlich besonders interessant, da diese häufig nicht viel Kapital investieren können. Christopher Ahlberg, Gründer und CEO des Big Data Start-ups Recorded Future, beschreibt den Vorteil der Flexibilität: „Für den Umfang, in dem wir die Cloud nutzen, ist sie in der Tat ziemlich teuer, aber die Umstellungskosten von einer Architektur zu einer anderen sind deutlich geringer – vielleicht um ein Zehn- oder Zwanzigfaches. Für Start-ups ist das also ein großer Durchbruch."[3]

Die intensive Nutzung von Open Source-Software durch Start-ups und Online-Unternehmen habe ich bereits angesprochen. Sie nutzen nicht nur Datenmanagement-Werkzeuge wie Hadoop, Pig und Hive, sondern auch Open Source-Statistiksoftware wie R. Ein Datenwissenschaftler erzählt mir darüber: „Da es kostenlos ist, kennt es jeder, der von der Universität kommt, und möchte es auch verwenden. Für uns ist das ein Selbstläufer."

Der Hauptnachteil von Open Source-Produkten für Big Data ist, dass es kostengünstigere Lösungen geben könnte, wenn Unternehmen die Kosten für fachspezifische Ressourcen, die für die Realisierung von Open Source-Projekten notwendig sind, einkalkulieren würden, wie beispielsweise die Personalkosten für Datenwissenschaftler. Ich habe Jim Davis, u. a. verantwortlich für Marketing beim Anbieter von Analyse-Software SAS, nach seiner Meinung über den Wettbewerb durch R gefragt. Er antwortete: „Wir spüren keine große Konkurrenz dadurch. Unser Produktangebot umfasst größtenteils fachspezifische Lösungen, mit denen unsere Kunden z. B. Kreditkartenmissbrauch beim Onlinebanking reduzieren oder Umsätze in der

Reisebranche optimieren können. Wenn Kunden ein System finden, mit dem sie arbeiten können, ist es recht unwahrscheinlich, dass sie selbst etwas Neues in R programmieren."[4]

Grundsätzlich habe ich nicht den Eindruck gewonnen, dass Unternehmen (egal welcher Größe) die Gesamtbetriebskosten (Total Cost of Ownership) für ihre Big Data-Technologie berechnet haben. Falls sie es doch getan haben, verringert sich der Anreiz von Open Source-Werkzeugen sicher etwas.

Im großen Stil experimentieren

Eines der leistungsfähigsten Analysekonzepte für Big Data ist das randomisierte, kontrollierte Experimentieren; bei Websites von Online- und Start-up-Unternehmen wird es im großen Umfang durchgeführt.[5] Diese Art der Analyse ist so erfolgreich, da man nur auf diesem Weg Ursache und Wirkung feststellen kann. Im Rahmen der A/B-Tests bei LinkedIn werden beispielsweise zwei unterschiedliche Versionen einer Website betrieben. Nachdem jeder Version randomisiert Kunden zugeordnet wurden, wird beobachtet, ob es zwischen den beiden Websites statistisch signifikante Unterschiede beim Kundenverhalten gibt.

Google und eBay führen ebenfalls umfangreiche Tests durch. Laut Schätzungen von Hal Varian, dem Chefökonom bei Google, sind es jährlich etwa 10.000 Tests, von denen sich die Hälfte auf werbebezogenen Funktionen bezieht. eBay ist vielleicht das test-besessenste Unternehmen, das ich je kennengelernt habe. Das Unternehmen führt nicht nur umfangreiche A/B-Tests und Tests mit alternativen Website-Designs durch, sondern auch umfangreiche Offline-Tests, wie Laborstudien, Hausbesuche, partizipative Design-Sessions, Fokusgruppengespräche und Trade-Off-Analysen von Website-Funktionen. eBay investiert außerdem in quantitative visuelle Design-, Eye-Tracking- sowie Zeitstudien, um herauszufinden, wie seine Kunden auf mögliche Änderungen reagieren könnten.[6]

Online-Unternehmen verfolgen bei ihren Testaktivitäten zwei Hauptstrategien. Erstens: Entwicklung von Werkzeugen zur Automatisierung von Testverfahren. eBay hat beispielsweise die eBay Experimentation Platform geschaffen, die Tester durch das Verfahren leitet, und auf der sie sehen können, was auf welchen Seiten gerade getestet wird. LinkedIn hat ein ähnliches Feature. Andere Anbieter wie Optimizely bieten Features zum A/B-Testen von Websites oder Software zur Verwaltung von Offline-Tests (z. B. Applied Predictive Technologies) an.

Die zweite Strategie besteht darin, über inkrementelle Innovationen, die häufig durch A/B-Tests entstehen, hinauszugehen. Normalerweise unterscheiden sich die A- und B-Seite eines A/B-Tests nur leicht voneinander. Ändert man mehr als einen Faktor auf einmal, kann man nicht feststellen, wie etwas tatsächlich zusammenhängt. Unternehmen wie eBay und LinkedIn haben daher Konzepte entwickelt, mit denen man gravierende Änderungen an einer Website vornehmen und mehr als einen Faktor auf einmal variieren kann. Gravierende Veränderungen bringen auch gravierende Ergebnisse hervor. LinkedIn ist in der Lage, gleichzeitig mehr als 20 leichte Änderungen an einer Website vorzunehmen. Eine Änderung kann die Click-through-Rate um 2% erhöhen, während eine andere sie vielleicht um 5% reduziert. Wenn man also 20 Änderungen miteinander kombiniert, kann man möglicherweise Verbesserungen von 25% erzielen.

Gute Zusammenarbeit fördern

Eine meiner Fragen in den Interviews mit Datenwissenschaftlern und Start-ups im Jahr 2012 war, wie sich die Unternehmen die notwendigen Fertigkeiten der Datenwissenschaft beschaffen. Viele gaben an, die erforderlichen Kompetenzen nur selten in einer Person vereint zu finden und deshalb Teams aus Mitarbeitern mit den erforderlichen Fertigkeiten zusammengestellt zu haben. Viele von ihnen sagten außerdem, dass eine gute Zusammenarbeit in diesen Teams unerlässlich sei. Auf die Frage, wie sie dies denn sicherstellten und ob sie beispielsweise Online-Kooperationswerkzeuge verwendeten, sagten fast alle, dass sich die Kooperation sehr leicht gestalte, da alle betroffenen Mitarbeiter in einem Raum säßen! Viele der befragten Unternehmen nutzen auch Hackathons – die ebenfalls in einem Raum stattfinden –, um Durchbrüche bei der Programmierungsarbeit zu erreichen.

Diese Art der Kooperation findet man meistens in kleinen Start-ups mit nur wenigen Mitarbeitern. In großen Unternehmen ist das natürlich schwieriger. Google ist bekannt dafür, die persönliche Zusammenarbeit im Unternehmen durch folgende Maßnahmen zu fördern:

- An einem Arbeitsplatz arbeiten mindestens zwei Mitarbeiter.
- Die Mitarbeiter erhalten kostenlose, qualitativ hochwertige Mahlzeiten, um sie ins Büro zu locken.
- Die Mitarbeiter können einen kostenlosen Transport ins Büro nutzen.
- Die Mitarbeiter werden im Büro durch interessante Referenten und Ereignisse motiviert.
- Den Mitarbeitern stehen viele Plätze zum Smalltalk zur Verfügung.

Marissa Mayer, CEO von Yahoo!, kam von Google und war gar nicht begeistert davon, dass viele Yahoo!-Mitarbeiter im Homeoffice arbeiteten. Sie entschied rasch, dass künftig alle Mitarbeiter wieder im Büro arbeiten sollten. Natürlich wurde dies nicht überall positiv aufgenommen.[7] In ihrem Memo, mit dem sie die neue Geschäftspolitik ankündigte, erklärte sie, dass persönliche Interaktionen zu einer Unternehmenskultur der besseren Zusammenarbeit beitragen würden. Außerdem führte Mayer kostenlose Mahlzeiten in der Cafeteria ein und übernahm eine Reihe anderer Richtlinien von Google.

Es mag vielleicht ironisch erscheinen, dass gerade diese Big Data-Unternehmen die Zusammenarbeit durch direkte Interaktionen den digitalen Kommunikationsformaten vorziehen, aber es scheint prima zu funktionieren. Unternehmen mit vielen Standorten müssen natürlich einen anderen Ansatz wählen, um die Kooperation im Unternehmen zu fördern, aber auch hier ist gute Zusammenarbeit unerlässlich.

Es ist wunderbar, dass die Online-Unternehmen und Start-ups im Silicon Valley, in Boston und anderen Big Data-Hubs solch ein Quell für Big Data-Innovationen sind. Ich hoffe nur, dass die meisten dieser Lektionen auch bis in die großen traditionellen Unternehmen vordringen. Es gibt jedoch auch eine Reihe anderer Beispiele, in denen Unternehmen diese Lektionen nicht gelernt haben; dies ist Thema des nächsten Abschnitts.

Wiederholen Sie nicht die Fehler von Big Data-Start-ups und Online-Unternehmen

Obwohl die meisten ihrer Big Data-Erkenntnisse sehr nützlich sind, haben Online-Unternehmen und Start-ups oft auch Fehler begangen, und manche davon sollte man besser vermeiden. Sie bringen diese Unternehmen vielleicht nicht zu Fall, und sie gelten auch nicht für alle. Dennoch ist es sehr wahrscheinlich, dass Start-ups dadurch weniger erfolgreich sind, als sie sein könnten.

Daten nicht mit Kunden teilen

Eines der heikelsten Probleme bei Big Data ist es, wie viel Einblick Kunden in ihre Daten haben, die aus ihren eigenen Onlineaktivitäten gewonnen werden. Clevere Unternehmen stellen ihren Kunden diese Daten zur Verfügung und erlauben ihnen, sie für konstruktive Zwecke zu nutzen, beispielsweise, um mehr über die Nutzung des Produktes oder der Dienstleistung zu erfahren.

Die meisten Online-Unternehmen gehen aber nicht soweit. Facebook und Google geraten aufgrund ihrer mangelnden Transparenz in Bezug auf Kundeninformationen regelmäßig in Konflikt mit Verbrauchern, der Presse und den Aufsichtsbehörden. Google stellt seinen Kunden zwar Informationen über deren Suchverlauf und die Nutzung weiterer unternehmenseigener Produkte (im Google Dashboard) sowie Berichte über Benutzerinformationen für Regierungsbehörden zur Verfügung. Und dennoch gibt es eine Menge, was die Kunden nicht wissen.

Große Unternehmen waren in diesem Bereich bisher am fortschrittlichsten, obwohl wir uns immer noch in einer relativ frühen Phase befinden. San Diego Gas & Electric liefert Kunden, die ihren eigenen Verbrauch analysieren (und reduzieren) möchten, mit seinem Green Button-Programm Stromverbrauchsdaten über einen Zeitraum von bis zu 13 Monaten.[8] Das europäische Mobilfunkunternehmen Orange verfolgt eine kundenbezogene Datenschutzpolitik und plant, die Kontrolle der Verbrauchsdaten an seine Kunden zu übertragen.

Daten nur zum Selbstzweck erfassen

Einige Start-ups und zahlungskräftige Online-Unternehmen wie Amazon und Google sammeln Daten lediglich zum Selbstzweck. Sie sind überzeugt davon, dass sie diese eines Tages nutzen werden. Google sammelt praktisch jede Information über seine Kunden und deren Verhalten, und manchmal erfasst das Unternehmen auch unzulässige Daten.[9] So wurden im Rahmen des Google Street-View-Mapping-Projekts quasi im Vorbeifahren auch unverschlüsselte WiFi-Daten erfasst. Diese Unternehmen haben genügend Ressourcen, um Daten auch ohne eine bestimmte Zielsetzung sammeln zu können – obwohl sie vielleicht noch erfolgreicher wären, wenn sie Daten zielgerichteter erfassen würden.

Andere Start-ups im Big Data-Geschäft fingen mit einem Datenpool an, ohne sich darüber im Klaren zu sein, wie sie diesen verwenden würden. Kyruus ist ein Beispiel dafür, Recorded Future ein anderes. Hierbei handelt es sich jedoch weniger um ein Problem von Start-ups, da sie in der frühen Phase normalerweise Druck von den Investoren bekommen, also das Problem haben, sich erst einmal für ein Geschäftsmodell entscheiden zu müssen. Beide Unternehmen haben aber mittlerweile den Fokus für ihr Produktangebot und ihre Geschäftsmodelle gefunden.

In Kapitel 3 habe ich bereits angesprochen, dass es durchaus nachvollziehbar ist, große Menge an Daten nach „Schätzen“ zu durchforsten. Das Durchsuchen großer Datenmengen ohne feste Zielsetzung kann jedoch sehr teuer und zeitraubend sein. Daher ist es viel sinnvoller, zunächst eine Hypothese aufzustellen, insbesondere bevor man viele Daten erfassen und analysieren möchte.

Ein Beispiel für ein gut fokussiertes Big Data-Start-up ist Operating Analytics, ein Unternehmen aus Boston, das Krankenhäusern die Möglichkeit gibt, die Auslastung seiner Operationssäle anhand von Daten und Analysen zu optimieren. Operationssäle sind teure Ressourcen, aber ihre Auslastung innerhalb eines Krankenhauses bzw. unter mehreren ist sehr unterschiedlich und kann unter 50 % liegen. Für deren Optimierung müssen komplexe Analysen zu den Räumen und deren Ausstattung, den Patienten, der Verfügbarkeit von Ärzten sowie weiterem Personal und Variablen wie Verweildau-

Big Data bei Recorded Future

Christopher Ahlberg, Gründer von Recorded Future (RF) und Spotfire (Anbieter von visuellen Analysen), war fasziniert von der Idee, sich auf visuelle und andere Analysearten für externe Informationen zu konzentrieren und anstatt beschreibender lieber prädiktive Analysen zu verwenden. Für Ahlberg und RF (sowie für viele andere Big Data Start-ups) lag das Internet als Informationsquelle quasi auf der Hand.

2009 setzte sich Ahlberg mit seinen Gründerkollegen von Spotfire in Schweden zusammen, um eine „temporäre Analysemaschine", d. h. eine Reihe quantitativer und visueller Analysewerkzeuge zu entwickeln, mit denen Analysten künftige Ereignisse vorhersagen können. Zu Analysezwecken kopierte RF große Teile des Internets, einschließlich Zehntausender Websites, Blogs und Twitter-Konten. Insgesamt indizierte das Unternehmen mehr als acht Milliarden Ereignisse und Einheiten mit den dazugehörigen Attributen (Websites, die beispielsweise bestimmte Menschen, Orte und Aktivitäten enthalten, die mit einem bestimmten Ereignis in Verbindung stehen etc.).

Mithilfe von Cloud-Computing zeichnen die Werkzeuge von RF nicht nur Ereignisse und Vorhersagen auf, sondern analysieren auch Quellen, um „unsichtbare Verbindungen" zwischen Dokumenten und Seiten zu finden, die in einer Beziehung zueinander stehen. Das Ziel dieser Analyse ist es, die zugrunde liegenden Ereignisse und Einheiten besser verstehen, die Dynamik bzw. Trends der Diskussion von Ereignissen besser bestimmen und künftige Ereignisse besser vorhersagen zu können. Wie bei Spotfire werden dazu Netzwerke und zeitliche Muster in der Vergangenheit, Gegenwart und Zukunft visuell dargestellt.

RF hat zwei Basisangebote für seine Kunden entwickelt: Für Kunden, die interne Daten mit einer Software analysieren möchten (wozu hauptsächlich Geheimdienste gehören), bietet das Unternehmen seine Foresite-Plattform mit Werkzeugen zur Sprachverarbeitung und Bewertung von Ereignissen, Einheiten und Zeit an. Die Internetdaten selbst – in bereinigter und indizierter Form und einschließlich Klassifikation wichtiger Begriffe – sind das zweite Basisangebot des Unternehmens. Geheimdienste analysieren mithilfe von RF Trends und Vorhersagen im Zusammenhang mit Terrorismus, technologischen Entwicklungen und politischen Unruhen. Privatkunden sind z. B. Sicherheitsabteilungen, Hedgefonds und Unternehmen, die ihre Kunden, den Wettbewerb und den Markt überwachen und analysieren möchten.

er des Patienten und Wiederaufnahmeraten durchgeführt werden. Krankenhäuser sind kaum in der Lage, derartige Analysen selbst durchzuführen, aber mithilfe von Verbesserungen lassen sich hier gleich beträchtliche Gewinnzuwächse erzielen. Operating Analytics steckt noch in den Kinderschuhen, aber bei einem klaren betriebswirtschaftlichen Problem und einem Kunden ist ein fokussierter Ansatz stets besser, als eine Big Data-Expedition ohne klare Zielsetzung.

Zu starker Technologiefokus

Die Big Data-Industrie – insbesondere die aus dem Silicon Valley – legt großen Wert auf Technologie. Sowohl interne Diskussionen als auch Materialien oder Marketingunterlagen, die diese Unternehmen für den externen Gebrauch zur Verfügung stellen, haben einen sehr technischen Charakter und sind für Nicht-Techniker nur schwer zu verstehen.

Die Websites dieser Unternehmen werfen mit technischen Begriffen nur so um sich. Dort wird mit „SQL-auf-Hadoop" geworben, ohne den Begriff zu erklären und die Vorteile zu erläutern. Ein Anbieter verspricht: „Hadoop: Über die Batchverarbeitung hinaus mit Apache YARN". Sie finden keine Erläuterung von YARN, nur den Kommentar, dass es „grundlegend für Hadoop 2.0" ist.[10] Das Problem ist teilweise durch die Namensgebung der Open Source-Projekte selbst bedingt, die die Apache Foundation vertreibt: Apache Hadoop, Apache Flume, Apache HBase, Apache Mahout, Apache Oozie, Apache Zookeeper etc. Ich beschäftige mich nun schon seit einigen Jahren mit Big Data und habe noch nie von Apache Oozie oder Apache YARN gehört. Was stellt sich ein nicht-technisch orientierter Manager wohl unter diesen Begriffen vor?

Selbst IBM, der vor einigen Jahrzehnten Pionier in der Fachsprache der Datenverarbeitung war, erliegt manchmal der Versuchung der Technosprache. In seinem hochkarätigen Artikel „Was ist Hadoop" liest man beispielsweise folgende Aussage: „Statt sich auf High End-Hardware zu verlassen, ist die Resilienz dieser Clusters durch die Fähigkeit der Software bedingt, Fehler in der Anwendungsschicht zu entdecken und beheben."[11]

Manchmal ist Fachsprache notwendig, aber in vielen Fällen sollte man doch auch die dazugehörigen Erläuterungen mitliefern. Wenn wir über Big Data sprechen, sprechen wir hauptsächlich über Vorteile, ROI, Chancen und Risiken. Ebenso wie IBM die Lektion, andere Formen von Informationstechnologie zu verkaufen, gelernt hat (und sie leider wieder vergessen zu haben scheint), ist es Zeit für Big Data-Anbieter, die richtigen Schlüsse aus dieser Lektion zu ziehen.

Zu starker Fokus auf den Big Data-Hype

Big Data ist in Mode. Risikokapitalanleger sind im Big Data-Goldrausch und konkurrieren um die Finanzierung von Start-ups in diesem Bereich. Eine Schätzung vom März 2013 beziffert die Kapitalbeteiligung an 40 Big Data-Start-ups (und es gibt einige mehr davon) auf 1,2 Milliarden USD.[12] Wenn sich so viel Kapital in Umlauf befindet, ist es durchaus üblich, dass Unternehmer das Gefühl haben, dass der Ansturm auf neues Land begonnen hat. Unternehmen, die früher im Analytics- oder Software-Geschäft tätig waren, sind jetzt im Big Data-Business. Die schlechtesten Manager werfen ihr Angebot auf den Markt und versprechen mehr, als sie halten können – Kunden werden dabei zu oft enttäuscht.

Darin liegt natürlich nicht der Schlüssel für langfristigen Erfolg! Big Data ist eine bedeutende und langfristige Angelegenheit, die sich aber erst entwickeln muss. Bis dahin wird sich der Begriff noch mehrfach ändern. Wichtig sind auf jeden Fall eine klare Definition des Marktes und der Kundenbedürfnisse. Raul Valdes-Perez, ehemaliger Professor für Informatik und Gründer des Big Data-Unternehmens Vivisimo (das von IBM übernommen wurde), äußert sich in diesem Zusammenhang über sein Unternehmen: „Bei unseren Strategien konzentrieren wir uns auf das Wesentliche: ein gutes Produkt entwickeln und es gut erläutern, Kunden und Interessenten vernünftig behandeln, geschickte Personalbeschaffung zur obersten Priorität machen, und unsere Technologie durch sorgfältig ausgewählte öffentliche Vorführungen und PR hervorheben."[13]

Natürlich steckt die Big Data-Industrie noch in den Kinderschuhen. Einige dieser Fehleinschätzungen können auch einfach nur das Ergebnis von Unerfahrenheit oder Unreife sein. Und was sich in der Branche als Erfolg oder Misserfolg erweist, wird sich im Laufe der Zeit zeigen. Früher gab es auch schon technologieorientierte Unternehmen, und auch schon früher war es ein großes Manko, gute Managementpraxis zu ignorieren, unabhängig von der Art der Technologie. Das ist sicher auch bei Big Data der Fall.

AKTIONSPLAN FÜR MANAGER

Von Big Data-Start-ups und Online-Unternehmen lernen

- Stehen bestimmte Faktoren Ihres Geschäftsmodells und Ihrer Produkte bzw. Dienstleistungen im Zusammenhang mit Daten und Analysen?
- Haben Sie Ihre datenwissenschaftlichen Bemühungen zum Teil auch der Entwicklung von Werkzeugen gewidmet – und die Ergebnisse der Open Source-Community zur Verfügung gestellt?
- Geben Sie Ihren Datenwissenschaftlern ein hohes Maß an Autonomie und Verantwortung?
- Haben Sie versucht, die Produktivität Ihrer datenwissenschaftlichen Aktivitäten zu erhöhen?
- Haben Sie den Entwicklungsprozess für Analysen und Erkenntnisse in Ihrem Unternehmen beschleunigt?
- Gibt es in Ihrem Unternehmen eine Kultur des Experimentierens und wurde ein Prozess dafür implementiert?
- Fördern Sie die Zusammenarbeit unter ihren Analysten und Datenwissenschaftlern sowie deren Geschäftspartnern?
- Haben Sie die üblichen Fehler von Start-ups vermieden – Kunden keine Daten zur Verfügung zu stellen, Daten nur zum Selbstzweck zu sammeln, sich zu viel um Technologie zu kümmern und sich zu stark auf den Big Data-Hype zu konzentrieren?

8

Was Sie von großen Unternehmen lernen können: Big Data und Analytics 3.0

In Kapitel 7 habe ich bereits erläutert, dass sich Online-Unternehmen und Start-ups von Anfang an mit Big Data befassten. Sie mussten Big Data nicht erst mit traditionelleren Datenquellen und -analysen abstimmen, da es diese bei ihnen gar nicht gab. Sie mussten Big Data-Technologien auch nicht in ihre vorhandenen IT-Infrastrukturen einbinden, da sie über keine Infrastrukturen verfügten. Big Data waren die einzige Datenart, und Datenanalysen bezogen sich ausschließlich auf Big Data.

In etablierten Unternehmen sieht die Situation jedoch anders aus. Hier sollte Big Data nicht separiert, sondern in den Geschäftsablauf integriert werden. Datenanalysen mit Big Data werden neben Analysen anderer Datenarten durchgeführt, Hadoop-Cluster laufen neben IBM-Großrechnern, und Datenwissenschaftler müssen mit quantitativen Analysten und Datenbankadministratoren zusammenarbeiten.

Um diese Koexistenz besser zu verstehen, haben Jill Dyché von SAS und ich im ersten Quartal 2013 Gespräche in 20 großen Unternehmen geführt, um herauszufinden, wie diese Unternehmen Big Data in ihre Daten- und Analyseumgebung integrieren. Die erwartete Koexistenz fanden wir tatsächlich. In keinem der Unternehmen wurde Big Data getrennt von anderen Datenarten und -analysen verwaltet, und es gab keine Big Data-Abteilungen. Die Integration führte in der Tat zu einer neuen Sicht des Managements auf Analytics, die ich als *Analytics 3.0* bezeichne. In diesem Kapitel beschreibe ich die grundsätzliche Einstellung der Unternehmen zu Big Data, die Organisationsstrukturen sowie die benötigten Fertigkeiten. Am Ende des Kapitels werde ich schließlich die Ära Analytics 3.0 vorstellen.

Was ist neu?

Big Data mag vielleicht für Start-ups und Online-Unternehmen neu sein, aber für viele große Unternehmen ist Big Data ein Thema, mit dem sie sich schon eine Weile beschäftigt haben. Einige Manager schätzen den innovativen Charakter von Big Data, betrachten sie jedoch als unternehmerischen Alltag oder als Teil der Evolution hin zu größeren Datenmengen. Seit vielen Jahren ergänzen sie ihre Systeme und Modelle um neue Datenarten und halten Big Data überhaupt nicht für revolutionär. Anders ausgedrückt haben viele dieser Unternehmen den Big Data-Ansatz schon verfolgt, bevor Big Data *big* wurde.

Wenn Manager großer Unternehmen Respekt vor Big Data haben, dann ist es nicht die Größe, die sie beeindruckt, sondern die fehlende Struktur der Daten, die neuen Geschäftsmöglichkeiten sowie die kostengünstigen Big Data-Technologien. Zu diesem Schluss kommt auch die Umfrage von NewVantage Partners im Jahr 2012 unter mehr als 50 Top-Managern großer Unternehmen (siehe Kapitel 1). Diese Umfrage hat Folgendes ergeben:

Es geht um die Vielfalt und nicht um die Menge. Die Umfrage zeigt, dass sich die Unternehmen sowohl heute als auch in drei Jahren

> auf die Vielfalt der Daten und nicht auf ihre Menge konzentrieren. Die wichtigste Zielsetzung und der potenzielle Nutzen von Big Data-Initiativen ist die Möglichkeit, unterschiedliche Datenquellen und neue Datenarten zu analysieren und nicht einfach nur große Datensätze zu verwalten.[1]

Unternehmen, die schon lange mit großen Datenmengen arbeiten, begeistern sich immer mehr für die Möglichkeit, neue Datenarten bearbeiten zu können – Sprach- oder Textdaten, Logdateien, Bilder oder Videos. Eine Privatkundenbank bekommt durch die Analyse von Logdateien (das ist leichter, als die wichtigsten Transaktionssysteme zu erforschen) beispielsweise erstmals ihre mehrkanaligen Kundenbeziehungen in Griff. Ein Hotel kann die Warteschlangen beim Check-in mithilfe von Videoaufzeichnungen analysieren. Ein Krankenversicherer vermag durch die Analyse von Mitschnitten aus Callcentern die Unzufriedenheit seiner Kunden besser vorhersagen. Kurz gesagt, diese Unternehmen können sich ein besseres Bild ihrer Kunden und Geschäftsabläufe machen, indem sie unstrukturierte und strukturierte Daten miteinander kombinieren.

Außerdem gibt es stetige – wenn auch kleine – Fortschritte durch die Nutzung stärker strukturierter Daten aus Sensoren und Geräten zur Erfassung von Daten. Unternehmen wie GE, UPS und Schneider National integrieren immer mehr Sensoren in Dinge, die sich bewegen oder drehen, und erfassen diese Daten, um ihre Abläufe zu optimieren. Selbst kleine Vorteile zahlen sich aus, wenn sie in einem großen Maßstab umgesetzt werden. Die möglichen Einsparungen durch effizientere Gasturbinen in Höhe von 66 Milliarden USD habe ich ja bereits angesprochen. Laut Schätzungen von GE könnte man in der kommerziellen Luftfahrt durch die Nutzung von Big Data aus den Triebwerken den Kraftstoffverbrauchs um ein Prozent reduzieren und damit in den nächsten 15 Jahren weitere 30 Milliarden USD einsparen.[2] UPS erzielte durch seine Streckenoptimierung ähnlich große Erfolge.

Big Data bei UPS

Big Data ist kein Fremdwort für UPS. Schon in den 1980er Jahren hat man begonnen, die unterschiedlichen Bewegungen und Transaktionen von Paketen zu erfassen. Heute sammelt das Unternehmen täglich Daten von 16,3 Millionen Paketen für 8,8 Millionen Kunden und bearbeitet durchschnittlich 39,5 Millionen Tracking-Anfragen. UPS speichert mehr als 16 Petabyte Daten.

Der Großteil von Big Data, die das Unternehmen in letzter Zeit erfasst hat, stammt jedoch von Telematik-Sensoren aus den mehr als 46.000 Fahrzeugen. Hier werden beispielsweise Daten wie Geschwindigkeit, Fahrtrichtung, Bremsverhalten und Antriebsleistung erfasst. Diese Daten werden nicht nur zur Überwachung der täglichen Performance, sondern auch zur grundlegenden Neugestaltung der Fahrtstrecken verwendet. Die ORION (on-road integrated optimization and navigation)-Initiative ist sicher das derzeit größte Operations Research-Projekt weltweit. Es setzt verstärkt auf Online-Kartendaten und wird schließlich zur Umgestaltung von Verladungen und Auslieferungen eines Fahrers in Echtzeit verwendet. Durch dieses Projekt konnte das Unternehmen schon im Jahr 2011 seine täglichen Fahrtstrecken um ca. 137 Millionen Kilometer reduzieren und so bereits mehr als 31,8 Millionen Liter Kraftstoff einsparen. Laut Schätzungen von UPS lassen sich bei einer Reduzierung der Fahrtstrecke um nur 1,6 km pro Fahrer und Tag Einsparungen von 30 Millionen USD erzielen. Rechnet man diese Zahlen hoch, besteht hier ein beträchtliches Einsparungspotenzial. Das Unternehmen ist außerdem bestrebt, die Effizienz seiner 2.000 Flüge pro Tag mithilfe von Daten und Datenanalysen zu verbessern.

Beispiele für Big Data-Ziele in großen Unternehmen

In Kapitel 3 habe ich beschrieben, dass man mit Big Data drastische Kosteneinsparungen und substanzielle Verbesserungen bei der Verarbeitungsgeschwindigkeit von computergestützten Aufgaben realisieren oder neue Produkte und Dienstleistungen entwickeln kann. Wie bei der traditionellen Datenanalyse kann Big Data auch interne Unternehmensentscheidungen unterstützen. Die meisten Unternehmen, mit denen wir gesprochen haben, konzentrierten sich jedoch nur auf ein oder zwei Ziele. Diese Ziele wirken sich nicht nur auf die Ergebnisse, sondern auch Geschäftsprozess aus – wer ist verantwortlich für die Initiative, wo wird diese Person im Unternehmen angesiedelt und wie wird das Projekt durchgeführt.

Nur wenige Unternehmen konzentrierten sich primär auf Kosteneinsparungen. Eine Bank (siehe Kapitel 3), bei der viele unterschiedliche Computeranwendungen früher mit anderen Plattformen erledigt wurden, verwendet heute Hadoop – und das alles aus Kostengründen. Grundsätzlich ist das keine schlechte Idee, aber meiner Meinung nach sollten Kosteneinsparungen mit anderen Zielen kombiniert werden, die dem Unternehmen zusätzliche Erlöse oder Gewinne bringen.

Ebenfalls in Kapitel 3 habe ich die zweite geläufige Zielsetzung mit Big Data-Ansätzen erläutert: Zeiteinsparungen. Ich habe beschrieben, wie Macy's und Amadeus die Big Data-Technologie verwenden, um die Zeit zur Preisoptimierung von Waren bzw. die Reaktionszeit des Reservierungssystems zu verkürzen. Ein wesentliches Ziel im Zusammenhang mit Zeiteinsparungen ist die Möglichkeit der Echtzeit-Interaktion mit Kunden mithilfe von Daten und Analysen, die aus den Kundenerfahrungen gewonnen wurden. Sobald der Kunde das Geschäft verlassen hat, sind zielgerichtete Angebote und Dienstleistungen nämlich nicht mehr sehr effektiv. Das bedeutet, eine schnelle Datenerfassung, -aggregation, -verarbeitung und -analyse sind entscheidend. Caesars Entertainment (früher Harrah's) verfolgt diesen Ansatz. Das Unternehmen war lange führend bei Datenanalysen, insbesondere im Bereich Kundentreue, -marketing und -service. Heute ergänzt es seine traditionellen Analysefunktionen um bestimmte Big Data-Technologien und -Fertigkeiten. Das Hauptziel bei der Untersuchung und Implementierung der Big Data-Werkzeugen ist es, Kundenmarketing und -service in Echtzeit zu ermöglichen.

Caesars verfügt beispielsweise über Kundendaten aus einem Bonusprogramm, Clickstreams und Echtzeitdaten von Spielautomaten. Früher hat man diese Daten dazu verwendet, Kunden besser zu verstehen, konnte sie aber nur schwer integrieren oder gar in Echtzeit darauf reagieren – nämlich solange der Kunde noch am Spielautomat sitzt. Caesars hat festgestellt, dass ein Kunde, der sich gerade für das Bonusprogramm angemeldet hat und dann eine Pechsträhne hat, sehr wahrscheinlich nicht wieder kommt. Wenn das Unternehmen diesem Kunden jedoch einen Essensgutschein gibt, solange er noch am Spielautomat sitzt, ist es viel wahrscheinlicher, dass dieser Kunden wieder ins Casino kommt. Dazu ist Datenanalyse in Echtzeit notwendig, damit man dem Kunden etwas anbieten kann, bevor er mit seinem Glück und dem Spielautomaten hadert und abwandert.

Um dieses und andere Ziele im Zusammenhang mit einer schnelleren Entscheidungsfindung zu verfolgen, hat Caesars Hadoop-Cluster und Open Source- sowie kommerzielle Analysesoftware angeschafft. Außerdem hat das Unternehmen seine Analyseabteilung um mehrere Datenwissenschaftler aufgestockt.

Natürlich gibt es auch andere Ziele für Big Data-Funktionalitäten. Caesars achtet z. B. peinlich genau darauf, dass seine treuesten Kunden nie warten müssen; in der Regel übernehmen Mitarbeiter diese Aufgabe. Mithilfe von videogestützten Big Data-Analysen kann man bestimmte Überwachungsmethoden automatisieren, um Serviceprobleme auch bei Kunden auszumachen, die nicht so häufig kommen. Caesars beginnt zudem, mobile Daten zu analysieren und experimentiert mit zielgerichteten Angeboten, die dem Kunden in Echtzeit auf sein mobiles Gerät geschickt werden.

Big Data bei United Healthcare

United Healthcare untersucht die Zufriedenheit seiner Kunden mithilfe von Sprachtechnologien. Zunächst wandelt man Aufzeichnungen aus Kundenanrufen in Callcentern in Text um und durchsucht diese nach Anzeichen dafür, ob ein Kunde unzufrieden sein könnte.

Um die Textdaten zu analysieren, verwendet United Healthcare verschiedene Werkzeuge. Die Daten wandern zunächst in einen „Datensee" mit Hadoop und NoSQL (d. h. Datenbanken, die nicht nur SQL, den Standard zur Abfrage und Extraktion von Informationen aus relationalen Datenbanken, verwenden)-Speicher, der vorab eine geringe Datenmanipulation erfordert. Die NLP – im Wesentlichen eine „Singulärwertzerlegung" (singular value decomposition) oder modifizierte Wörterzählfunktion – erfolgt dann in einer Datenbankanwendung. Eine Reihe weiterer Technologien wird auf ihre Eignung für die zukünftige Architektur untersucht und getestet. United nutzt außerdem Schnittstellen zwischen seinen statistischen Analysewerkzeugen und Hadoop.

Die Finanzabteilung pflegt die Daten zur Kundenzufriedenheit sowie andere Kundendaten schließlich in ein Kunden-Data-Warehouse ein. Darüber hinaus sind verschiedene andere Abteilungen und Geschäftsbereiche von United Healthcare daran beteiligt, wie z. B. Optum Labs (Verkauf von Daten und dazugehöriger Dienstleistungen an Unternehmen aus dem Gesundheitswesen). Das Team besteht aus traditionellen quantitativen Analysten und Datenwissenschaftlern mit umfangreichem Know-how im IT- und Datenmanagement.

Mithilfe seines Tochterunternehmens Optum Labs führt United Healthcare in Zusammenarbeit mit seinem Partner, der Mayo Clinic, außerdem eine Vielzahl von Big Data-Analyseprojekten durch. Man kombiniert beispielsweise elektronische Patientenakten der Mayo Clinic und anderer Gesundheitsdienstleister mit Daten zu Erstattungen von United Healthcare, um mehr über das Fortschreiten einer Erkrankung sowie geeignete Behandlungsmethoden herauszufinden.

Wie bei traditionellen Analysen kleiner Datenmengen kann Big Data auch genutzt werden, um interne Geschäftsentscheidungen zu unterstützen oder zu verbessern (siehe das vorangegangene Fallbeispiel „Big Data bei United Healthcare"). Insbesondere weniger strukturierte Datenquellen können damit für Entscheidungen herangezogen werden. Alle Daten, die Informationen über die Kundenzufriedenheit liefern, sind hilfreich; und viele dieser Daten aus Interaktionen mit Kunden sind unstrukturiert. In Kapitel 3 habe ich bereits erwähnt, dass einige große Banken Big Data nutzen, um Kundenbeziehungen über mehrere Kanäle zu erforschen und herauszufinden, welche Kunden Abwanderungstendenzen zeigen oder auf eine bestimmte Werbemaßnahme reagieren.

Organisationsstrukturen und Kompetenzen integrieren

Ebenso wie die Technologie-Architekturen entwickeln sich auch Organisationsstrukturen sowie Big Data-Fertigkeiten in großen Unternehmen und verschmelzen mit bestehenden Strukturen, statt sich komplett neu zu bilden. Kein Unternehmen, mit dem wir gesprochen haben, hat gänzlich neue Strukturen für Big Data geschaffen, sondern bestehende Analyse- oder Technologiegruppen haben Big Data-Bereiche integriert. Bei einigen entstehen dadurch überhaupt keine Veränderungen an der Organisationsstruktur oder -Fertigkeiten, sodass man davon ausgehen kann, dass diese Unternehmen schon seit vielen Jahren große Datenmengen analysieren. Andere Unternehmen haben ihre Portfolios um datenwissenschaftliche Funktionalitäten ergänzt.

Der naheliegende Weg zur Integration von Big Data-Technologien führt entweder über bestehende Analysegruppen (z. B. mit Fokus auf Operations Research wie bei UPS und Schneider National), über Innovations- oder Architektur-Teams in IT-Abteilungen, wie bei USAA und Procter & Gamble, oder über F&E-Analysegruppen wie bei GE. In vielen Fällen werden diese Teams im Rahmen von Big Data-Initiativen an analytisch orientierte Abteilungen oder Geschäftsbereiche im Unternehmen ausgerichtet – beispielsweise Marketing oder

Online-Business (siehe Fallbeispiel „Big Data bei Macys.com"). Einige dieser Geschäftsbereiche haben eigene IT- oder Analysegruppen. Unternehmen, deren Konzepte am effektivsten und erfolgversprechendsten erschienen, zeichneten sich durch eine enge Beziehung zwischen den Abteilungen, die sich mit Big Data beschäftigen, und der IT-Organisation aus.

Mit Hinblick auf die Kompetenz haben die meisten Unternehmen ihr Analyseteam mit Datenwissenschaftler aufgestockt – oder versuchen es zumindest. Sie verfügen über die kritischen Fähigkeiten (Kenntnisse in Sprachtechnologien oder Text Mining, Video-, Bild- oder visuelle Analysen) und können besser mit Big Data-Technologien umgehen.

Viele Datenwissenschaftler können auch in Skriptsprachen wie Python, Pig und Hive kodieren. Manche haben einen Doktortitel, an-

Big Data bei Macys.com

Macys.com ist die Online-Plattform der riesigen Einzelhandelskette. Mit einem jährlichen Wachstum von 50 % wächst sie jedoch schneller als alle anderen Geschäftsbereiche des Unternehmens. Das Bereichsmanagement ist sehr IT-orientiert und kennt sich ausgezeichnet mit IT, Daten und deren Analyse aus. Wie andere Online-Einzelhändler auch konzentriert sich Macys.com stark auf kundenbezogene Analyseanwendungen mit Personalisierung, Zielgruppenwerbung (auch per E-Mail) sowie Suchmaschinenoptimierung. Innerhalb der Analyseorganisation von Macys.com nimmt sich das „Customer Insights"-Team sämtlicher Kundenbelange an. Darüber hinaus gibt es eine „Business Insights"-Gruppe (ein betriebswirtschaftlich ausgerichtetes Team primär zur Unterstützung und Beurteilung von Marketingaktivitäten im Verlauf eines Jahres) sowie eine „Data Science"-Gruppe, die sich mit zukunftsweisenden quantitativen Techniken rund um Data Mining, Marketing und experimentelles Design beschäftigt.

Macys.com setzt eine Vielzahl zukunftsweisender Technologien für Big Data ein, die in anderen Unternehmensbereichen größtenteils keine Anwendung finden, wie Hadoop, R und Impala sowie die kommerzielle Software SAS, IBM DB2, Vertica und Tableau. Analyseinitiativen sind immer mehr eine Mischung aus traditionellem Datenmanagement, Analysetechnologien und neuen Big Data-Werkzeugen. Die Analyseorganisation arbeitet mit einer Kombination aus maschinellem Lernen und traditioneller hypothesenbasierter Statistik.

Für Kerem Tomak, Leiter Analytics bei Macys.com, ist es wichtig, Big Data Technologien nicht nur zum Selbstzweck zu betreiben. „Wir arbeiten alle sehr ROI-orientiert und investieren nur dann in eine Technologie, wenn wir damit ein betriebswirtschaftliches Problem lösen können." erklärt er. Im Laufe der Zeit werden Macys.com und der Rest der Systeme und Kundendaten von Macy's immer mehr miteinander verschmelzen, da Tomak und seine Kollegen überzeugt davon sind, dass eine Kundenbeziehung, die über alle verfügbaren Kanäle besteht, genau der richtige Schritt in die Zukunft ist.

dere sind einfach nur gute Programmierer mit gewissen Analysefertigkeiten. Viele unserer Gesprächspartner stellten in Frage, dass ein einziger Datenwissenschaftler alle benötigten Fähigkeiten besitzen kann und stellten daher ein Team mit den benötigten Kompetenzen zusammen.

Eine der wichtigsten Fähigkeiten besteht darin, Big Data-Ergebnisse Vorgesetzten mittels visueller Darstellung oder mündlich zu erläutern. Selbst einige Datenwissenschaftler gaben an, dass ihre quantitativen Mitarbeiter „eine Geschichte mit Daten erzählen" und sich gut mit Entscheidungsträgern verstehen müssen. Manche Kollegen erwähnten auch, dass ihre Analysten einige Zeit mit Veränderungsmanagement verbringen: Da präskriptive Analysemodelle in wichtige betriebliche Prozesse eingebunden sind, muss man mit den Mitarbeitern vor Ort und den Prozesseignern zusammenarbeiten, um notwendige Veränderungen an Positionen, Prozessdesigns und Fertigkeiten bewirken zu können.

Es versteht sich schon fast von selbst, dass Fähigkeiten, Prozesse und Werkzeuge, die man zur Verwaltung explodierender Datenmengen benötigt, in nächster Zeit eine immer größere Rolle spielen werden. Für die meisten Unternehmen, die wir interviewt haben, ist das Recruiting von Datenwissenschaftler weniger dringlich als für Start-ups. Bei einigen Unternehmen macht sich aber trotzdem ein Talentmangel bereits bemerkbar.

Unter den Unternehmen, mit denen wir gesprochen haben, sucht GE die meisten Datenwissenschaftler. Man spricht dort von 400 Datenwissenschaftlern, die man einstellen möchte. Bereits die Hälfte der Stellen konnte intern und extern besetzt werden. Derzeit entwickelt GE auch ein Weiterbildungsprogramm für seine Mitarbeiter, denn gelegentlich hat das Unternehmen Schwierigkeiten, Datenwissenschaftler zu finden, die sich mit speziellen Datenproblemen seiner Industrieprodukte auskennen (z. B. Turbinen-Sensordaten).

Einige Unternehmen erzählten uns, dass sie datenwissenschaftliche Fertigkeiten mit den Vorzügen des traditionellen Datenmanagements kombinieren müssen. Fundierte Kenntnisse über Datenarchitekturen, Metadaten, Datenqualität und Korrekturverfahren,

Datenverwaltung und Dashboards, Stammdatenverwaltung, Matching-Algorithmen und viele andere datenspezifischen Themen sind wichtig für Unternehmen, die auf Big Data als langfristiges strategisches Unterscheidungsmerkmal setzen.

Unabhängig von der Organisationsstruktur für die Verwaltung von Big Data in großen Unternehmen benötigt man zudem eine datenorientierte Führungsrolle. In einem viel beachteten Bericht von McKinsey über Big Data aus dem Jahr 2011 heißt es, dass die „datengesteuerte Denkweise" eines Unternehmens der wichtigste Indikator dafür ist, welchen Wert Big Data für ein Unternehmen hat.[3] Laut dieses Berichts sind Unternehmenskulturen mit tatsachenbe-

Big Data bei der Bank of America

Bei der Größe des Vermögens der Bank of America (mehr als 2,2 Billionen USD im Jahr 2012) und dem riesigen Kundenstamm (52 Millionen Verbraucher und kleine Unternehmen) versteht es sich von selbst, dass das Unternehmen bereits seit vielen Jahren mit Big Data arbeitet. Heute konzentriert sich die Bank auf Big Data mit dem Schwerpunkt einer integrierten Kundenansprache und integrierten Organisationsstruktur. Die Bank of America unterteilt Big Data in drei Kategorien: Big Transactional Data, Kundendaten und unstrukturierte Daten. Der Hauptschwerpunkt liegt auf den ersten beiden Kategorien.

Aufgrund der riesigen Menge an Kundendaten (über mehrere Kanäle und Beziehungen) war die Bank früher nicht in der Lage, alle Kundendaten auf einmal zu analysieren und führte daher systematische Stichproben durch. Mithilfe der Big Data-Technologie ist sie nun in der Lage, immer mehr Daten aus seinem Kundenstamm verarbeiten und analysieren zu können.

Mit Ausnahme diverser Experimente rund um die Analyse unstrukturierter Daten lag der Schwerpunkt der Big Data-Bemühungen darin, den Kunden über alle Kanäle und Interaktionen hinweg kennenzulernen, auch um bestimmten Kundensegmenten sinnvolle und attraktive Angebote unterbreiten zu können. Das neue Programm „BankAmeriDeals" bietet beispielsweise den Nutzern von Kredit- und Debitkarten Möglichkeiten für Rückzahlungen an, die auf Analysen von Rückzahlungen der Kunden in der Vergangenheit basieren. Zudem gibt es Bemühungen, den Charakter und die Zufriedenheit der Kunden mit den Wegen, die sie durch die verschiedenen Vertriebskanäle der Bank (Online, Callcenter und Filialen) nehmen, zu verstehen.

Früher beschäftigte die Bank zahlreiche quantitative Analysten. Im Big Data-Zeitalter haben sie einen Konsolidierungs- und Umstrukturierungsprozess durchlaufen und berichten nun an eine zentrale Analysegruppe sowie verschiedene Abteilungen und Geschäftsbereiche. So besteht die Analysegruppe für das Privatkundengeschäft beispielsweise aus quantitativen Analysten und Datenwissenschaftlern und berichtet an Aditya Bhasin, der zudem Leiter der Abteilung Consumer Marketing and Digital Banking ist. Sie arbeitet mehr denn je mit Führungskräften aus den Geschäftsbereichen zusammen.

zogenen Entscheidungen (im Gegensatz zu Bauchentscheidungen) ein wichtiger Indikator dafür, welchen potenziellen Wert Big Data hat. Zudem heißt es, dass allein in den Vereinigten Staaten mehr als 1,5 Millionen datenorientierte Manager für die Big Data-Initiativen in ihren Unternehmen benötigt würden.

Effektive Manager in führenden Unternehmen haben verstanden, wie Big Data einen Mehrwert für ihre Unternehmen schaffen kann und rechtfertigen ihre eigenen Bemühungen mit Big Data-Erfolgsgeschichten. In ähnlicher Weise nutzen sie Geschichten über gescheiterte Big Data-Initiativen, um Geschäftsszenarien zu erstellen und ihre Planungs- und Entwicklungsstrategien zu untermauern. In der Studie von McKinsey heißt es, dass „viele Pionierunternehmen bereits die Wertschöpfungskraft von Big Data nutzen, wohingegen andere noch herausfinden müssen, wie sie Big Data sinnvoll verwenden, um konkurrenzfähig bleiben zu können."

Die Führungskräfte, mit denen wir sprachen, haben ihr Management und alle Beteiligten davon überzeugt, dass die Einführung von Big Data nicht nur sinnvoll ist, sondern auch mehr einbringt, als sie kostet. Viele dieser Manager sind aber nicht nur für Big Data und Datenanalysen, sondern auch für andere Bereiche zuständig (siehe Fallbeispiel „Big Data bei der Bank of America").

Das Wertversprechen von Big Data

In meinen Gesprächen über Big Data mit Führungskräften großer Unternehmen stellte sich heraus, dass sie Big Data für ein Füllhorn an Entwicklungsmöglichkeiten halten, das im Laufe der Zeit neue und bisweilen unerwartete Anwendungsmöglichkeiten bietet. Jede dieser Führungskräfte räumte jedoch ein, es sich nicht leisten zu können, Big Data zu einer rein akademischen Angelegenheit zu erklären. Big Data müsse Werte schaffen und zwar je früher umso besser. Das gilt auch für die Citigroup, wo sich Big Data-Technologien schnell durch Kosteneinsparungen bezahlt machen müssen (siehe Fallbeispiel „Big Data bei Citigroup"). Hier wird Big Data nicht nur als schönes neues Managementobjekt gesehen.

Big Data bei der Citygroup

Citigroup war bereits ein datengesteuerter Finanzdienstleister, bevor die meisten seiner Wettbewerber im Geschäft waren. Das Finanzkonglomerat wurde 1812 als City Bank of New York gegründet und hat heute 200 Millionen Privat- und Geschäftskunden in 160 Ländern. Je größer die Reichweite eines Unternehmens ist, umso größer ist die Rolle von Big Data bei der Unternehmensstrategie.

Das Thema Geschäftsinformationen – die Integration, Qualität und zunehmenden Volumina – war ein natürliches Nebenprodukt von Gesprächen auf der Führungsebene über behördliche und Wettbewerbsanforderungen. 2010 richtete das Unternehmen ein Chief Data Office ein. Kurz danach begann man, mit Hadoop rechenintensive Datentransformationen neu zu organisieren. Bei der Implementierung von Hadoop lag ein wesentlicher Fokus auf Kosteneinsparungen.

Die Pläne des Unternehmens sehen auch eine Erweiterung der Big Data-Umgebung vor, um Kundenbeziehungen und -verhalten besser verstehen zu können. Auf der Kundenseite stellt Citi Beziehungen zwischen den sogenannten „White Label"- und kommerziellen Karten her, um potenzielle Kreditrisiken zu erkennen. Seitens der Geschäftskunden kann das Unternehmen Daten hochwertiger Transaktion sehen und individuelle Versorgungsleistungen oder Finanzstrukturen für Vertragspartner bei kommerziellen Transaktionen einrichten. Die kostengünstige und leistungsstarke Hadoop-Infrastruktur ermöglicht es dem Unternehmen außerdem, den Kunden dynamisch zielgerichtete digitale Angebote auf ihre mobilen Geräten zu schicken, sobald diese eine „geographische Grenze" überschreiten.

Rentabilität (ROI)

Bei Big Data-Start-ups und Online-Unternehmen entspricht der Erfolg einer Big Data-Initiative im Wesentlichen dem Erfolg des Geschäftsmodells – daher analysieren dort nur wenige Menschen die direkten Erträge durch Big Data. Und nur sehr wenige Unternehmen kalkulieren den ROI ihrer Big Data-Bemühungen konsequent. Stattdessen übersteigen die *greifbaren* Ergebnisse von Big Data die von Kosteneinsparungen oder Umsatzerlösen. Dies lässt den Schluss zu, dass das Management langfristig auf Big Data setzt, was durch diverse Aussagen von Führungskräften, mit denen wir gesprochen haben, bekräftigt wird.

Erste Vergleiche des Big Data-ROI sind mehr als vielversprechend (einige Zahlen zu potenziellen Kosteneinsparungen habe ich bereits in Kapitel 3 und im UPS-Fallbeispiel in diesem Kapitel angesprochen). 2011 hat Wikibon, eine Open Source-Wissensgemeinschaft, eine Fallstudie veröffentlicht, in der die Finanzrendite zweier Analyseumgebungen miteinander verglichen wurde.[4] Bei der ersten Umgebung handelte es sich um eine leistungsstarke Data Warehouse-Anwendung, die auf dem traditionellen ETL-Ansatz (extract, transform, load) und Datenbereitstellungsprozessen beruht. Die zweite Umgebung war eine neuere Big Data-Technologie, die mit MPP (massively parallel processing)-Hardware und Hadoop arbeitet.

Abbildung 8.1 auf der folgenden Seite zeigt, dass das Projekt die MPP/Hadoop-Umgebung aufgrund einiger Kennzahlen bevorzugte, unter anderem aufgrund der beschleunigten Amortisierung (Werte fast unmittelbar nach Einführung), des kumulativen Cashflows und des internen Zinses. (Die Ergebnisse wurden in der Wikibon-Community im großen Stil diskutiert, und es wurde die Frage „Ist Ihr Data-Warehouse ein Dinosaurier?" gestellt.) Das Fazit der Studie war allerdings nicht, dass Data-Warehouses obsolet sind, sondern dass traditionelle Data-Warehouses künftig wohl eine friedliche Koexistenz mit neuen Big Data-Lösungen eingehen und beide eine spezielle Rolle im analytischen Ökosystem eines Unternehmens spielen würden.

Natürlich werden Sie nun wenige (wenn überhaupt) Führungskräfte unter den Big Data-Pionieren finden, die Aussagen darüber machen, wie viel Geld sie sparen oder verdienen. Die Unternehmen, mit denen wir gesprochen haben, erläuterten zwei Ansätze zur Wertschöpfung mit Big Data. Das eine Konzept bestand darin, erstmals neue Geschäftsmöglichkeiten zu schaffen. Beim zweiten Konzept machten die Unternehmen dasselbe mit Daten und Analysen wie bisher: üblicherweise Entscheidungen treffen. Sie taten dies nur kostengünstiger, schneller oder besser als zuvor. Nur wenige dieser Unternehmen unterziehen ihre Big Data-Projekte einer Kosten-Nutzen-Analyse, für den letztgenannten Vorteil sollte dies aber recht einfach sein.

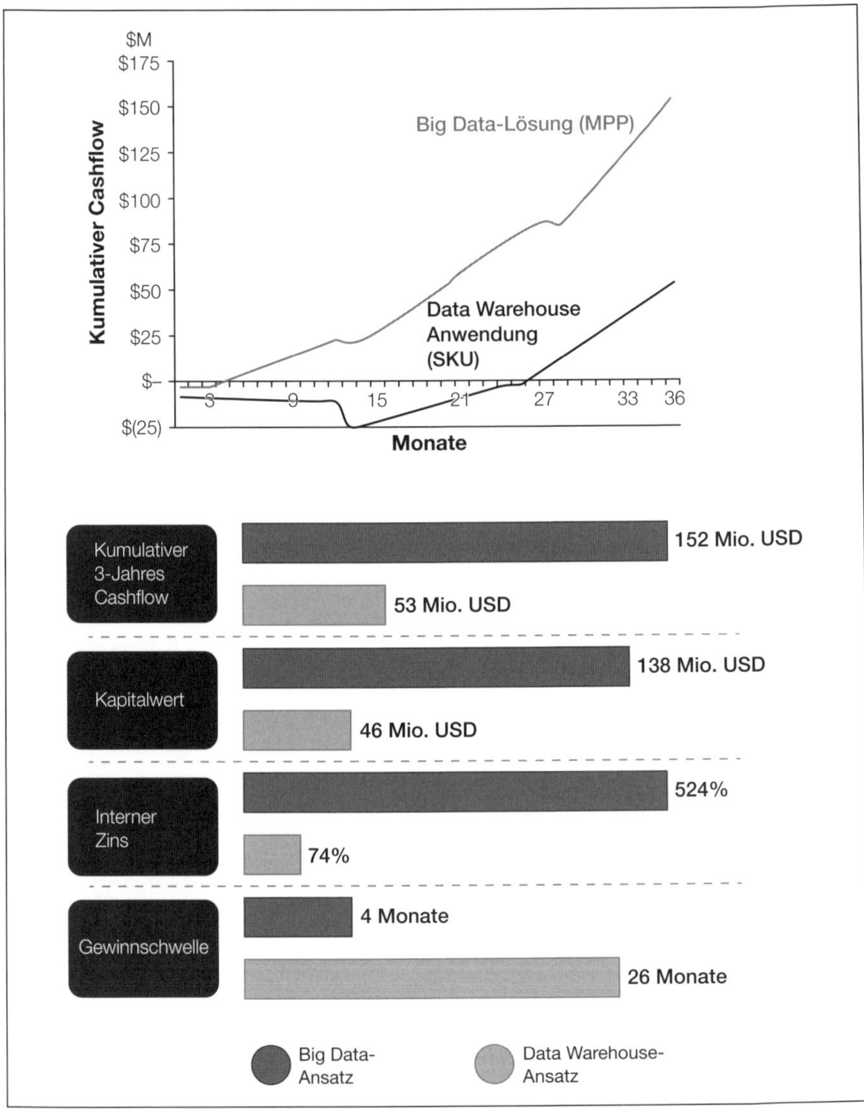

Abbildung 8.1: ROI-Vergleich für Big Data

Bestehende Prozesse automatisieren

Egal ob sie eine Machbarkeitsstudie (Proof-of-Concept) durchführen, vorläufige Daten untersuchen oder Führungskräfte zum Investieren motivieren möchten, viele Unternehmen müssen den Wert von Big Data-Technologien zunächst einmal herausstellen, bevor sie tiefer in Big Data einsteigen. Das bedeutet oft, Kosteneffizienz oder Skaleneffekte innerhalb bestehender Geschäftsparadigmen zu ermitteln.

Die meisten Führungskräfte, mit denen wir gesprochen haben, führten Big Data-Technologien im Rahmen einer Machbarkeitsstudie ein, in der die Leistungsfähigkeit, niedrigere Gesamtbetriebskosten und verbesserte Geschäftsmöglichkeiten von Big Data-Lösungen für häufig schwerfällige Geschäftsprozesse aufgezeigt werden. In manchen Fällen zeigen Machbarkeitsstudien, dass auch andere Prozesse verändert werden sollten. Bei einer großen amerikanischen Fluggesellschaft ergab beispielsweise die Analyse von Aufzeichnungen aus Callcentern, dass sich das Kundenverhalten anhand von Kundengesprächen vorhersagen lässt, und dass bestimmte Prozesse im Callcenter grundlegend verbessert werden müssen – was wichtiger ist als feinere Prognosemodelle.

Andere Unternehmen versprechen sich von Big Data, verschiedene Plattformen und Prozessfunktionen zu vereinen, die bisher fragmentiert und isoliert waren. Die Führungskräfte, mit denen ich gesprochen habe, waren von der Möglichkeit begeistert, Berichts-, Analyse-, Schutz- und Recovery-Funktionen auf einer einzigen Big Data-Plattform zu vereinen und so komplizierte Programmierungen und spezielle Fachkenntnisse zur Verknüpfung ihrer traditionellen Systeme überflüssig zu machen. Sie gehen jedoch nicht davon aus, dass dies in naher Zukunft passieren wird. Manche Unternehmen, wie Sears Holdings (siehe Fallbeispiel „Big Data bei Sears Holdings"), tätigen größere Investitionen, um „Daten als Dienstleistung" zu liefern, damit sich Big Data-Analysen im gesamten Unternehmen durchsetzen.

Ein Vorteil, neue Technologien für bestehende Probleme zu nutzen, liegt darin, dass Verbesserungspotenziale bereits bekannt sind und sich leichter ein Konsens erzielen lässt. Der Vice President einer Bank erklärt: „Wenn ich Dinge beschleunigen oder verbessern möchte, bekomme ich mehr Support von meinem CEO, als wenn ich neue Technologien fördern möchte. Es ist ihm egal, ob unsere Wettbewerber Big Data nutzen. Ihm ist nur wichtig, dass wir durch schnellere Entscheidungen Marktanteile gewinnen könnten."

Big Data bei Sears Holdings

Bei der Einführung von Informationstechnologie war Sears jahrelang den meisten Wiederverkäufern voraus. Bereits in den 1980er Jahren implementierte das Unternehmen ein Enterprise Data-Warehouse, während die meisten Händler ihre Verkaufszahlen immer noch anhand manuell aktualisierter Excel-Tabellen überprüften. Heute verwendet das Unternehmen Big Data-Technologien, um die Integration von Petabyte Kunden-, Produkt-, Verkaufs- und Aktionsdaten zu beschleunigen, um besser zu verstehen, wie man die Erträge aus Marketingaktionen steigern und Kunden wieder ins Geschäft locken kann. Hadoop wird nicht nur zur Speicherung, sondern auch zur schnelleren und effizienteren Verarbeitung von Transformationsroutinen und zur Integration heterogener Daten verwendet.

„Wir investieren in Echtzeit-Datenakquisition", sagt Oliver Ratzesberger, Vice President of Information Analytics and Innovation bei Sears Holdings, im Interview mit mir. „Kein ETL mehr. Mit Big Data-Technologien können wir die Ursachen von Verzögerungen leichter beseitigen, die sich im Laufe der Zeit eingeschlichen haben." Sears nutzt die Open Source-Projekte Apache Kafka und Storm, um eine Echtzeitverarbeitung zu ermöglichen. „Unser Ziel ist es, Vorgänge, die gerade stattgefunden haben, direkt messen zu können."

Phil Shelley, CTO des Unternehmens (der zwischenzeitlich sein eigenes Big Data-Unternehmen betreibt) erzählte, dass er mit Big Data die Freigabe für eine Reihe komplexer Marketingkampagnen von acht auf nur eine Woche verkürzen konnte – und dass sich die Verbesserungen erst nach und nach zeigen. Schnelle und zielgerichtete Kampagnen sind erst die Spitze des Eisbergs für das Unternehmen, das vor Kurzem mit MetaScale eine Tochterfirma gegründet hat, um auch Unternehmen, die keine Wiederverkäufer sind, Big Data-Dienstleistungen in der Cloud anbieten zu können.

Neues umsetzen

Selbst Führungskräfte, die für die großen Veränderungen in Unternehmen verantwortlich sind, haben ein Auge auf die Möglichkeiten von Big Data-Analysen geworfen. Noch nie hat eine Technologie ein derartiges Interesse von Führungskräften geweckt. Plötzlich stellt der Vorstand Stellen für Big Data-Projekte zur Verfügung und spricht in seinen Sitzungen von „Daten als Kapital".

Neue Anwendungen für Big Data sind häufig branchenspezifisch: Telematikdaten bei Kfz Versicherern, Vitalzeichen im Gesundheitswesen bzw. RFID-Tags in der Produktion. All diese Daten sind schwer zu erfassen, ganz zu schweigen von einer sinnvollen Nutzung. Kürzlich gaben in einer Umfrage die meisten Befragten (41 %) an, keine Strategie für Big Data zu haben. Die nächstgrößte Gruppe nannte „Geschäftsprozesse" als Hauptfokus von Big Data-Projekten.[5]

Die meisten Unternehmen haben mit ihren ersten Projekten noch nicht die Stufe erreicht, um das gesamte betriebswirtschaftliche Potenzial von Big Data zu nutzen. Sie befinden sich immer noch in der Anfangsphase. Und die grundlegenden Fragen bleiben offen: Ist Big Data etwas für Menschen oder für Maschinen? Welche sind die wichtigsten Daten, die unserer Kunden oder unserer Betriebsabläufe? Bekommen wir durch neue Daten auch neue Einblicke oder bestätigen diese nur bestehende Hypothesen? Die meisten großen Unternehmen beginnen mit ihren Big Data-Projekten zunächst bei der Automatisierung bestehender Prozesse – in der Hoffnung, einen strategischen Mehrwert zu erhalten. Meist liegt dieser Mehrwert jedoch im Auge des Betrachters.

Der Aufstieg von Analytics 3.0

Um die Rolle von Big Data in großen Unternehmen besser zu verstehen, muss man den geschichtlichen Hintergrund von Datenanalysen und Big Data kennen. Tabelle 8.1 zeigt die drei Bereiche der analytischen Ausrichtung.

	Analytics 1.0	Analytics 2.0	Analytics 3.0
Unternehmensart	Große Unternehmen	Online-Unternehmen und Start-ups	Alle – die „Datenwirtschaft"
Analyseziel	Interne Entscheidungen	Neue Produkte	Entscheidungen und Produkte
Datenart	Klein, strukturiert	Groß, unstrukturiert	Alle Datenarten in Kombination
Erstellungsart	Batch mit langem Zyklus	Agil mit kurzem Zyklus	Agil mit kurzem Zyklus
Primärtechnologie	Softwarepakete	Open-Source	Breites Portfolio
Primäre Analyseart	Beschreibend	Beschreibend, vorhersagend	Präskriptiv
Geschäftsbeziehung	Backoffice	„Auf der Brücke"	Kollaborativ

Tabelle 8.1: Drei Analytics-Epochen

Analytics ist natürlich keine neue Idee. Die Werkzeuge werden schon seit Mitte der 1950er Jahre in Unternehmen verwendet. Sicher hat das Interesse an diesem Thema in letzter Zeit stark zugenommen, aber die Art der Datenanalyse hat sich in den meisten Unternehmen in den letzten 50 Jahren nicht stark verändert. Wir nennen die erste Epoche *Analytics 1.0*. Diese Phase von 1954 (als UPS die erste Analytics-Gruppe in den Vereinigten Staaten ins Leben rief) bis ungefähr 2005 zeichnete sich durch folgende Attribute aus:

- Datenmengen waren relativ klein, strukturiert und stammten aus internen Quellen.
- Die Daten wurden vor der Analyse in Enterprise Data-Warehouses oder -Marts gespeichert.
- Ein Großteil der Analyseaktivitäten waren beschreibende Analysen bzw. Reporting.
- Ein Analysemodell zu erzeugen war ein „Batch"-Prozess, der oft mehrere Monate dauerte.
- Quantitative Analysten waren von den Kollegen und Geschäftsentscheidungen im Backoffice isoliert.
- Nur wenige Unternehmen konkurrierten mit Analytics – für die meisten hatte Analytics nur einen sehr geringen strategischen Stellenwert.

Ernsthaft diskutieren Akademiker erstmals um 2001 über Datenwissenschaften: der Statistiker William S. Cleveland von der Purdue Universität veröffentlichte einen Fachartikel, in dem er diesen Fachbereich vorstellte. In den beiden darauffolgenden Jahren wurden zwei neue Fachzeitschriften über Datenwissenschaften gegründet.[6] Die Geschäftswelt nahm dann ungefähr ab 2003 Notiz von Big Data, sodass man die frühen 2000er Jahre als Beginn von *Analytics 2.0* bezeichnen kann. Diese Epoche begann mit der Untersuchung von Onlinedaten bei internetbasierten Unternehmen wie Google, Yahoo! und eBay – die absoluten Pioniere der „Datenwirtschaft". Big Data und Analytics bildeten nicht nur die Grundlage für interne Entscheidungen, sondern auch für kundenorientierte Produkte und Prozesse. Zu dieser Zeit beschränkten große Unternehmen ihre Analysebemühungen jedoch oft auf interne Datenquellen, die klar strukturiert und nur selten mit anderen Daten verbunden waren. Anders ausgedrückt, sie hielten größtenteils an Analytics 1.0 fest.

Big Data-Analytics als autonome Einheit von Analytics 2.0 unterschiedet sich in vielerlei Hinsicht von der Ära Analytics 1.0. Die Daten stammten nun häufig aus externen Quellen und – wie der Begriff *Big Data* suggeriert – waren entweder sehr groß oder unstrukturiert. Der schnelle Datenfluss bedeutete, dass man die Daten umgehend speichern und verarbeiten musste, häufig mit einer Vielzahl paralleler Server. Die Geschwindigkeit der Analysen wurde insgesamt viel schneller. Visuelle Analysen – eine Form der beschreibenden Analyse – verdrängten häufig prädiktive und präskriptive Analysetechniken.

Big Data bei Verizon Wireless

Verizon Wireless ist ein Joint Venture zwischen Verizon Communications und der Vodaphone Group und verfügt wie alle anderen Mobilfunkanbieter über eine Vielzahl von Informationen über die Bewegungen seiner Kunden. Alle Handys übertragen ihren Aufenthaltsort (präzise in einem Radius von rund 9 Metern), und alle Anbieter erfassen diese Informationen. Über seinen Unternehmensbereich Precision Market Insights verkauft Verizon nun Informationen, wie oft sich ein Handynutzer pro Tag an einem bestimmten Standort aufhält oder welche Aktivitäten er ausübt. Zu den Kunden gehören bislang Einkaufszentren, Stadionbetreiber und Vermieter von Werbetafeln.

Den Phoenix Suns, einem NBA Basketball-Team, bot Precision Market Insights folgende Informationen an:

- Wo Menschen die Spiele des Teams live verfolgen (und somit auch, wo sich Menschen aufhalten, die die Spiele nicht live verfolgen), um es dem Team zu ermöglichen, zielgerichtete Angebote zu unterbreiten.
- Wie viele Zuschauer von außerhalb kommen (ca. 22 % in einem Untersuchungsmonat).
- Die Attribute der Zuschauer (mit großer Wahrscheinlichkeit zwischen 25 bis 54 Jahre alt, mit einem Haushaltseinkommen von mehr als 50.000 USD und mit Kindern).
- Wie häufig Zuschauer im Frühjahr die Baseball-Trainingsspiele in der Phoenix Area besuchten (13 %).
- Zunahme des Besucheraufkommens bei einer Fast Food-Kette innerhalb von 24 Stunden nach einem Spiel, bei dem es eine Suns-Aktion gab (8,4 %).

Der Wert dieser Informationen ist offensichtlich, wie es ein Manager der Phoenix Suns formuliert: „Diese Art von Informationen wollten wir alle schon immer haben, doch leider war dies bislang nicht möglich."

Quelle: Die Informationen dieser Fallstudie stammen aus einem Interview mit dem Unternehmen, der Verizon Precision Market Insights Website und dem Artikel von Anton Troianovski „Phone Firms Sell Data on Customers" im *Wall Street Journal* vom 22. Mai 2013.

Die neue Generation von quantitativen Analysten wurde *Datenwissenschaftler* genannt. Viele von ihnen wollten nicht im Hinterzimmer arbeiten, sondern viel lieber an neuen Produktangeboten arbeiten und Dinge gestalten; sie wollten quasi „auf der Brücke" stehen.

Man könnte also meinen, dass wir uns noch immer in der Analytics 2.0-Epoche befinden. Die Ergebnisse unserer Untersuchungen bei großen Unternehmen legen aber den Schluss nahe, dass diese Firmen in die *Analytics 3.0*-Ära übergehen, die sich qualitativ von 1.0 oder 2.0 unterscheidet. Sie vereint das Beste aus 1.0 und 2.0 – eine Mischung aus Big Data und traditionellen Datenanalysen, die schnelle und aussagekräftige Einblicke und Angebote ermöglicht. Obwohl dieses Konzept noch neu ist, werden die Merkmale von Analytics 3.0 bereits sichtbar. Das wichtigste Merkmal ist, dass nicht nur Online-Unternehmen, sondern praktisch alle Arten von Unternehmen aus den unterschiedlichsten Branchen in dieser datengesteuerten Wirtschaft mitwirken können: Banken, Gesundheitsdienstleister, Handels-, Industrie- und Telekommunikationsunternehmen. Es sind Organisationen, die mithilfe von Big Data datenbasierte Angebote für ihre Kunden entwickeln und interne Entscheidungen unterstützen möchten. Im nächsten Abschnitt werde ich die anderen Attribute von Analytics 3.0-Unternehmen beschreiben.

Mehrere Datenarten – häufig auch in Kombination

Unternehmen kombinieren große und kleine Datenmengen, interne und externe Quellen, strukturierte und unstrukturierte Formate, um neue Einblicke in prädiktive und präskriptive Modelle zu bekommen. In vielen Fällen nimmt die Anzahl an Datenquellen schrittweise zu, statt dass es zu einem revolutionären Sprung der Leistungsfähigkeit kommt. Schneider National ergänzt seine Logistik-Optimierungsalgorithmen beispielsweise um immer mehr Daten aus neuen Sensoren. Diese überwachen wichtige Indikatoren, um Geschäftsabläufe signifikant zu verbessern und Kosten zu reduzieren.

Big Data bei Schneider National

In den letzten Jahrzehnten verwendete Schneider National, einer der größten amerikanischen Anbieter von Lkw-, Logistik- und kombinierten Verkehrsdiensten, verschiedene Formen zur analytischen Optimierung. Hinzu kommt, dass sich bei Schneider die Verfügbarkeit von kostengünstigen Sensoren für seine Lkws, Trailer und Container gerade in den letzten Jahren stark verändert hat. Die Sensoren überwachen Standort, Fahrverhalten, Kraftstoffmengen und ob ein Trailer bzw. Container beladen oder leer ist. Im Laufe der letzten fünf Jahre hat Schneider auf eine neue Technologieplattform umgestellt, aber die Führungskräfte ziehen keine klare Linie zwischen Big Data und traditionelleren Datenarten. Dennoch hat sich die Qualität der optimierten Entscheidungen, die das Unternehmen mithilfe der Sensordaten trifft – beispielsweise die Abfertigung von Lkws und Containern –, deutlich verbessert. Zudem verändern sich durch die Nutzung von präskriptiven Analysen die Aufgaben und Beziehungen im Unternehmen.

Ständig kommen neue Sensoren auf den Markt. Aktuell implementiert Schneider neuartige Sensoren für den Kraftstofffüllstand, um die Betankung der Fahrzeuge zu optimieren (optimaler Standort zum Nachtanken unter Berücksichtigung des verbleibenden Kraftstoffs, der Fahrtstrecke des Lkws und der Kraftstoffpreise auf der Strecke). Früher haben die Fahrer diese Daten manuell eingegeben, aber Sensordaten sind präziser und unverzerrt.

Sicherheit wird bei Schneider groß geschrieben. Fahrsensoren zeichnen Daten auf, die die Fahrsicherheit gefährden könnten. Scharfes Bremen des Fahrers wird beispielsweise von Sensoren erfasst und an die Zentrale weitergeleitet, sodass diese Zwischenfälle zwischen Fahrer und Vorgesetztem diskutiert werden können. Schneider testet derzeit ein Verfahren, bei dem Sensordaten – neben anderen Faktoren – in ein Modell einfließen, das vorhersagt, bei welchen Fahrern ein größeres Risiko für einen sicherheitsrelevanten Zwischenfall besteht. Die Nutzung von prädiktiven Analysen ergibt einen Score. Bei einer gewissen Punktzahl wird ein Gespräch mit dem Fahrer anberaumt, um die Anzahl an sicherheitsrelevanten Zwischenfällen zu reduzieren.

Deutlich schnellere Technologien und Methoden

Big Data-Technologien umfassen eine Vielzahl von Hardware- und Software-Architekturen, wie z. B. geclusterte parallele Server mit Hadoop/MapReduce, In-Memory-Analysen oder In-Database-Verarbeitung. All diese Technologien sind deutlich schneller als Anwendungen zum Datenmanagement und zur Datenanalyse älterer Generationen. Analysen, die früher mehrere Stunden oder Tage benötigten, können heute in Sekunden durchgeführt werden. Zur Ergänzung der schnelleren Technologien werden neue, agile Analysemethoden und Techniken zum maschinellen Lernen verwendet, die viel schnellere Ergebnisse ermöglichen. Wie bei der agilen Systementwicklung liefern diese Methoden häufig Teilergebnisse an die Projektbeteiligten und unterstützen damit Projekte mit hoher Dringlichkeit. Die Herausforderung dabei ist, die Geschäftsabläufe und Entscheidungsprozesse so anzupassen, dass die Vorteile der neuen Technologien und -methoden optimal genutzt werden können.

Integrierte und eingebettete Modelle

Entsprechend der höheren Geschwindigkeit von Datenanalysen und der Datenverarbeitung werden Analysemodelle bei Analytics 3.0 häufig in Geschäftsabläufe und Entscheidungsprozesse eingebettet und so ihre Geschwindigkeit und Aussagekraft drastisch verbessert. Ich habe dieses Phänomen in Kapitel 6 im Zusammenhang mit dem Flughafen Heathrow angesprochen; es trifft jedoch auch auf eine Vielzahl anderer Unternehmen zu. So hat beispielsweise Procter & Gamble eine Reihe sogenannter „Business sufficiency models" – die gewährleisten, dass alle benötigten Informationen verfügbar sind, um das Unternehmen in sieben wichtigen Bereichen zu führen – in zwei wesentliche Entscheidungsumgebungen integriert. Eines dieser Modelle, das Decision Cockpit, ist bei P&G auf mehr als 50.000 Desktops installiert. Business Sphere, ein weiteres Modell, wird zur Entscheidungsfindung in Gruppen verwendet; in einem speziellen Raum werden Analysen auf großen Bildschirmen dargestellt. Business Spheres gibt es in mehr als 50 P&G-Niederlassungen weltweit. In anderen Unternehmen sind Modelle auf der Basis von Score-Algorithmen oder analysebasierten Regeln in vollautomatisierte Systeme eingebettet. Manche sind in kundenorientierten Produkten und Anwendungen integriert. Die Einbettung von Datenanalysen in Systeme und Prozesse erhöht nicht nur die Geschwindigkeit, sondern sorgt auch dafür, dass Entscheidungsträger ihre Entscheidungen nur schwer ohne Datenanalysen treffen können – was in der Tat vorteilhaft ist.

Neue und hybride Technologieumgebungen

Natürlich bringt die Analytics 3.0-Umgebung auch neue Technologie-Architekturen mit sich, insgesamt ist sie jedoch eher eine Mischung aus bekannten und neuen Werkzeugen. Die bestehende Technologie-

Umgebung bei großen Unternehmen wird dabei nicht aufgelöst. Einige Firmen, mit denen ich gesprochen habe, nutzen ihre relationalen Datenbanken auf IBM-Großrechnern immer noch effektiv. Dennoch werden verstärkt Big Data-Technologien wie Hadoop auf Standardserver-Clustern, Cloud-Technologien (private und öffentliche) und Open Source-Software verwendet. Die wichtigsten Veränderungen betreffen Versuche, den lästigen ETL-Schritt zu beseitigen, bevor Daten beurteilt und analysiert werden können. Dieses Ziel möchte man mit Werkzeugen zum Datenaustausch und zur Berechnung in Echtzeit, wie Apache Kafka und Storm, erreichen.

Ein entsprechender Ansatz, der derzeit untersucht wird, ist die Schaffung einer neuen Discovery-Plattform auf Technologieebene zur Untersuchung von Daten. Enterprise Data-Warehouses waren ursprünglich zur Analyse von Daten gedacht, wurden in vielen Unternehmen jedoch im Laufe der Zeit zum Speichern von Produktionsdaten verwendet, und die Datenerfassung erfordert teure und zeitraubende ETL-Arbeit. Die neue Discovery-Plattform soll dieses Problem lösen. Durch diese Veränderungen haben die Komplexität und die Wahlmöglichkeiten zum Datenmanagement beträchtlich zugenommen – eine Herausforderung für IT-Architekten. Trotzdem werden fast alle Unternehmen künftig eine Hybridumgebung haben. Die alten Formate sind nicht verschwunden, aber es müssen neue Prozesse entwickelt werden, bei denen sich das Thema Daten, vor allem aber der Schwerpunkt Datenanalyse wie ein roter Faden durch die Bereitstellung, Bewertung, Untersuchung und die Produktionsanwendungen zieht.

Datenwissenschaft/Analytics/IT-Teams

In Online-Unternehmen und Big Data-Start-ups können Datenwissenschaftler oft alle anfallenden Arbeiten erledigen – oder sind zumindest sehr unabhängig. In etablierten großen Unternehmen müssen sie jedoch mit vielen anderen Mitarbeitern zusammenarbeiten. Oft sind Datenwissenschaftler in großen Unternehmen konventionelle quantitative Analysten, die gezwungenermaßen etwas mehr Zeit mit Datenmanagement-Aktivitäten verbringen (was kein wirklich neues Phänomen ist). Und Datenhacker, die sich gut mit der

Extraktion und Strukturierung von Daten auskennen, arbeiten mit konventionellen quantitativen Analysten zusammen, die Experten in der Erstellung entsprechender Modelle sind. Beide Gruppen müssen wiederum mit der IT-Abteilung kollaborieren, die die Big Data- und die analytische Infrastruktur, Sandboxes oder die Umgebungen zur Datenerkennung zur Verfügung stellt, in denen diese Gruppen Daten erkunden und die Ergebnisse der Analysen in Produkte umwandeln können. Zusammen erledigen diese Teams die Analysearbeiten und häufig kommt es zu Überschneidungen der einzelnen Positionen.

Chief Analytics Officer (oder eine gleichwertige Position)

Für Unternehmen wäre es nicht sinnvoll, mehrere Führungskräfte für unterschiedliche Datenarten einzustellen. Besser ist es, die Position des *Chief Analytics Officers* (oder mit ähnlichem Namen) für den Unternehmensbereich Datenanalysen zu schaffen. In Kapitel 6 habe ich bereits angesprochen, dass AIG den lange führenden Analysten Murli Buluswar als Chief Science Officer eingestellt hat. Seine Mitarbeiter beschäftigen sich mit traditionellen Versicherungsproblemen (z. B. analytische Preisoptimierung) und arbeiten bei Big Data-Projekten mit MIT-Forschern zusammen. Buluswar ist repräsentativ für diese neue Art von Führungskräften im Zeitalter von Analytics 3.0. Andere Unternehmen, einschließlich FICO, dem Medical Center der Universität von Pittsburgh, der Organisation für die Kampagne zur Wiederwahl des US-Präsidenten Obama und des Versicherungsunternehmens USAA, haben ebenfalls Chief Analytics Officers benannt.

Zunehmende Verwendung von präskriptiven Analysen

Schon immer gab es drei Arten von Datenanalysen: beschreibende, die sich auf die Vergangenheit beziehen; prädiktive, die auf der Basis von früheren Daten Modelle erstellen, um die Zukunft vorher zusagen; und präskriptive, die anhand von Modellen optimale Verhaltensweisen und Maßnahmen ermitteln. Analytics 3.0 arbeitet mit allen drei Arten, setzt jedoch verstärkt auf präskriptive Analysen. Bei diesen Modellen werden umfangreiche Tests und Optimierungsmaßnahmen durchgeführt, um Analytics in die wichtigsten Prozesse und Verhaltensweisen von Mitarbeitern einzubetten. Sie bieten einen großen operativen Nutzen für Unternehmen, legen jedoch auch großen Wert auf eine hochwertige Planung und Ausführung.

Präskriptive Lösungen können auch die Rollen von Mitarbeitern im Unternehmen und ihre Beziehungen zu Vorgesetzten verändern, wie dies bei Schneider National und UPS der Fall ist. Wenn Computer und Datenanalysen einem Mitarbeiter vorschreiben, wie er fahren, wohin er als nächstes gehen und anhalten soll, oder dass er zu stark gebremst hat bzw. falsch abgebogen ist, so kann dies zu einer völlig neuen Einstellung zu seiner Arbeit führen. Und die Daten und Analysen sollten auf alle Fälle stimmen, sonst ließe sich das Vertrauen darin nur schwer wiederherstellen.

Zusammenfassung

Obwohl Big Data erst vor einem Jahrzehnt aufgekommen ist (oder wir zumindest darauf aufmerksam wurden), läuten deren Attribute in ihrer Summe eine neue Ära ein. Meine Untersuchungen haben gezeigt, dass große Unternehmen aus allen Branchen in die Datenwirtschaft einsteigen und Big Data nicht nur für bessere und schnellere Entscheidungen, sondern auch für neue datenbasierte Produkte und Dienstleistungen nutzen. Dabei betreiben sie traditionelle Datenanalysen und Big Data nicht getrennt voneinander, sondern verschmelzen sie zu einer neuen Art der Datenanalyse. Einige der Aspekte von Analytics 3.0 und die Verwendung von Daten und Datenanalysen in großen Unternehmen werden sich zweifellos weiter verbreiten. Es wird deutlich, dass sich die Unternehmen auf einen Wandel beim Umgang mit Daten und deren Analysen einstellen müssen. Dies bedeutet veränderte Fertigkeiten, Führungsrollen, Organisationsstrukturen, Technologien und Architekturen. Mir scheint es die gravierendste Veränderung unserer Vorgehensweise zur Wertschöpfung aus Daten seit den 1980er Jahren zu sein.

In Kapitel 1 habe ich angesprochen, dass der primäre Wert von Big Data nicht in den Rohdaten selbst liegt (unabhängig davon, wie groß diese sind), sondern in deren Verarbeitung und Analyse und den daraus gewonnenen Erkenntnissen, Produkten und Dienstleistungen. Die drastischen Veränderungen der Big Data-Technologien und Managementkonzepte müssen mit ähnlich drastischen Veränderungen bei der Entscheidungsfindung und bei Produkt-/Serviceinnovationen auf der Basis von Daten einhergehen. Zweifellos sind Datenanalysen in der Lage, Unternehmen zu transformieren. Hierbei werden die Unternehmen, die Vorreiter von Analytics 3.0 sind, am meisten profitieren.

AKTIONSPLAN FÜR MANAGER

Big Data in großen Unternehmen – Analytics 3.0

- Haben Sie innovative Produkte und Dienstleistungen auf der Basis von Daten und Datenanalysen entwickelt?
- Ergänzen Sie den Datenmix, den Ihr Unternehmen analysiert und nutzt, durch große Mengen unstrukturierter Daten?
- Binden Sie Analytics in die wichtigsten Geschäftsabläufe und Entscheidungsprozesse ein?
- Nutzen Sie Analytics bereits, um Leistungsverbesserungen bei Mitarbeitern und Führungskräften zu erzielen?
- Integrieren Sie neue Big Data-Technologien in die Data-Warehouses und analytischen Technologiearchitekturen Ihres Unternehmens?
- Haben Sie neue Mitarbeiter mit unterschiedlichen Fertigkeiten im Bereich Datenanalyse und Computerwissenschaft eingestellt?
- Haben Sie den Leiter Analytics/Big Data in Ihrem Unternehmen zur Führungskraft befördert?

Anhang

„Sind Sie bereit für Big Data?"

Mit dieser Umfrage können Sie feststellen, ob Ihr Unternehmen bereit für Big Data ist. Sie basiert auf dem DELTTA-Modell, das ich in Kapitel 6 beschrieben habe. Für jeden DELTTA-Faktor können Sie jeweils fünf Fragen nach der Likert-Skala beantworten:

1. Trifft nicht zu
2. Trifft eher nicht zu
3. Weder noch
4. Trifft eher zu
5. Trifft zu

Sofern es keine Gründe gibt, bestimmte Fragen oder Bereiche stärker zu gewichten, empfiehlt es sich, einen Durchschnittswert für die einzelnen DELTTA-Faktoren zu bilden. Sie können die Punktwerte der DELTTA-Faktoren auch kombinieren, um daraus eine Gesamtpunktzahl zu errechnen, die die Big Data-Bereitschaft Ihres Unternehmens symbolisiert.

Die folgenden Fragen wurden aus einer Umfrage des International Institute for Analytics zur Beurteilung von analytischen Fähigkeiten abgeleitet. Darüber hinaus habe ich ein paar Fragen zur Beurteilung der Big Data-Bereitschaft von den MIT-Forschern Erik Brynjolfsson und Andy McAfee übernommen.[1]

Die Fragen können auf ein ganzes Unternehmen oder einen Unternehmensbereich angewandt werden. Der Mitarbeiter, der diese Fragen beantwortet, sollte natürlich auch mit dem Big Data-Konzept des Unternehmens bzw. Geschäftsbereiches vertraut sein.

Daten

- ☐ Wir haben Zugriff auf sehr große Mengen unstrukturierter oder schnell fließender Daten zur Analyse.
- ☐ Wir integrieren Daten aus mehreren internen Quellen in ein Data-Warehouse oder -Mart, um einen leichteren Zugriff darauf zu haben.
- ☐ Wir kombinieren externe mit internen Daten, um unsere wirtschaftlichen Rahmenbedingungen besser analysieren zu können.
- ☐ Bei uns gelten einheitliche Definitionen und Standards für Daten, die wir zur Analyse verwenden.
- ☐ Unsere Anwender, Entscheidungsträger und Produktentwickler vertrauen auf die Qualität unserer Daten.

Unternehmen

- ☐ Wir kombinieren Big Data- und traditionelle Analysekonzepte, um die betriebswirtschaftlichen Ziele unseres Unternehmens zu erreichen.
- ☐ Das Management unseres Unternehmens stellt sicher, dass Geschäftsbereiche und -funktionen die Prioritäten für Big Data und Datenanalysen gemeinsam festlegen.
- ☐ Wir bilden unsere Datenwissenschaftler und Analysespezialisten aus und bauen sie auf, um Fachwissen und Know-how im gesamten Unternehmen zu verbreiten.

- ☐ Unsere Big Data- und Analyse-Initiativen und -Infrastruktur werden ausreichend mit finanziellen Mitteln und Ressourcen unterstützt, um die benötigten Kapazitäten aufzubauen.
- ☐ Wir arbeiten mit Partnern, Kunden und anderen Mitgliedern unseres betriebswirtschaftlichen Ökosystems zusammen, um Big Data-Inhalte und -Anwendungen mit ihnen zu teilen.

Führungsrolle

- ☐ Unsere Führungskräfte überprüfen regelmäßig die Möglichkeiten von Big Data und Analytics für unser Unternehmen.
- ☐ Unsere Führungskräfte fordern die Leiter der Geschäftsbereiche und -funktionen auf, Big Data und Analytics in ihre Entscheidungs- und Geschäftsprozesse einzubeziehen.
- ☐ Unsere Führungskräfte nutzen Big Data und Analytics für strategische und taktische Entscheidungen.
- ☐ Unsere Abteilungsleiter nutzen Big Data und Analytics für strategische und taktische Entscheidungen.
- ☐ Unser Prozess zur Priorisierung und Nutzung des Big Data-Kapitals (Daten, Menschen, Soft- und Hardware) wird von unseren Führungskräften kontrolliert und gesteuert.

Ziele

- ☐ Wir konzentrieren unsere Big Data-Bemühungen auf vielversprechende Möglichkeiten, mit denen wir uns vom Wettbewerb absetzen können.
- ☐ Wir betrachten neue Produkte und Dienstleistungen auf der Basis von Big Data als Teil unseres Innovationsprozesses.
- ☐ Wir identifizieren interne Möglichkeiten für Big Data und Analytics, indem wir unsere Prozesse, Strategien und Marktbedingungen beurteilen.

- ☐ Wir führen regelmäßig datengesteuerte Experimente durch, um Daten über gut bzw. schlecht funktionierende Geschäftsabläufe zu erfassen.
- ☐ Wir beurteilen Entscheidungen, die auf Basis von Analysen und Daten getroffen wurden, um herauszufinden, ob neue, unstrukturierte Datenquellen bessere Modelle liefern könnten.

Technologie

- ☐ Wir haben uns mit parallelen Rechnerkonzepten (z. B. Hadoop) für die Big Data-Verarbeitung auseinandergesetzt bzw. diese bereits eingeführt.
- ☐ Wir sind in der Lage, ein betriebswirtschaftliches Problem bzw. eine Entscheidung mithilfe von Datenvisualisierungen zu erläutern.
- ☐ Wir haben uns mit Cloud-basierten Diensten zur Datenverarbeitung und -analyse auseinandergesetzt bzw. diese bereits eingeführt.
- ☐ Wir haben uns mit Open Source-Software für Big Data und Analytics auseinandergesetzt bzw. diese bereits eingeführt.
- ☐ Wir haben uns mit Werkzeugen zur Verarbeitung von unstrukturierten Daten wie Text, Video oder Bildern auseinandergesetzt bzw. diese bereits eingeführt.

Analysten und Datenwissenschaftler

- ☐ Wir verfügen über genügend kompetente Datenwissenschaftler und Analysespezialisten im Unternehmen, um unsere Analyseziele erreichen zu können.
- ☐ Unsere Datenwissenschaftler und Analysespezialisten arbeiten bei wichtigen Entscheidungen und datengesteuerten Innovationen als vertrauenswürdige Berater mit unseren Führungskräften zusammen.

- ☐ Unsere Datenwissenschaftler und Analysespezialisten sind mit den Geschäftsbereichen und -prozessen, für die Big Data und Analytics Anwendung findet, vertraut.
- ☐ Unsere Datenwissenschaftler, quantitativen Analysten und Datenmanagement-Experten arbeiten bei Big Data- und Analyse-Projekten im Team effektiv zusammen.
- ☐ Im Rahmen von internen und externen Trainingsprogrammen bauen wir die Fachkenntnisse unserer Mitarbeiter im Bereich Datenwissenschaft und Analysefertigkeiten aus.

Endnoten

Kapitel 1

1. John Gantz und David Reinsel, *Big Data, Bigger Digital Shadows, and Biggest Growth in the Far East,* International Data Corporation Digital Universe study, 1. Dezember 2012, http://www.emc.com/collateral/analyst-reports/idc-the-digitaluniverse-in-2020.pdf.
2. Studie über Datenwissenschaftler: Thomas H. Davenport, *The Human Side of Big Data and High-Performance Analytics* (unterstützt von SAS und EMC), http://www.sas.com/reg/gen/corp/2154478; Studie über Big Data in großen Unternehmen: Thomas H. Davenport und Jill Dyché, *Big Data in Big Companies Research Report* (unterstützt von SAS), www.sas.com/reg/gen/corp/2266746; Studie über Big Data im Tourismus: Thomas H. Davenport, *At the Big Data Crossroads: Turning Toward a Smarter Travel Experience* (unterstützt von Amadeus), www.amadeus.com/big-data; Studie zur Datenerkennung, unterstützt von Teradata Aster (bis zur Fertigstellung dieses Buches noch nicht abgeschlossen).
3. NewVantage Partners, *Big Data Executive Survey: Themes and Trends,* 2012, http://newvantage.com/data-management/. Ich bin ein Berater von NewVantage Partners.
4. Dan Powers *A Brief History of Decision Support Systems* geht detaillierter auf frühere Terminologien ein; vgl. http://dssresources.com/history/dsshistory.html.
5. Die 2,5 Trillionen Byte-Schätzung kommt von IBM, „What Is Big Data? Bringing Big Data to the Enterprise", www.ibm.com.
6. H. James Wilson, „You, by the Numbers", *Harvard Business Review,* September 2012, 119–122.
7. Stephen Wolfram, „The Personal Analytics of My Life", blog-post, 8. März 2012, http://blog.stephenwolfram.com/2012/03/the-personal-analytics-of-my-life/.
8. http://www.unglobalpulse.org/technology/hunchworks.

9. Steve Lohr, „Searching Big Data for Digital Smoke Signals", *New York Times*, 7. August 2013, http://www.nytimes.com/2013/08/08/technology/developmentgroups-tap-big-data-to-direct-humanitarian-aid.html.

10. Ich bin Paul Barth für seine Ideen zu Datenexperimenten sehr dankbar. Sie erschienen u. a. in Thomas H. Davenport, Paul Barth und Randy Bean, „How Big Data Is Different", *MIT Sloan Management Review* (Herbst 2012), http://sloanreview.mit.edu/the-magazine/2012-fall/54104/how-big-data-is-different/.

11. Schwartz wurde interviewt von Paul Barth und Randy Bean für „How Big Data Is Different".

12. Spencer Ackerman, „Welcome to the Age of Big Drone Data", *Wired.com*, 25. April 2013, http://www.wired.com/dangerroom/2013/04/drone-sensors-big-data/.

13. Michael Hayden, „Ex-CIA Chief: What Edward Snowden Did", *CNN.com*, 19. Juli 2013, http://www.cnn.com/2013/07/19/opinion/hayden-snowden-impact.

14. Peter Drucker, „The Next Information Revolution", *Forbes ASAP*, 24. August 1998.

15. Thomas H. Davenport, „Recorded Future: Analyzing Internet Ideas About What Comes Next", Fall 613-083 (Boston: Harvard Business School, 2013).

16. Anand Rajaram, „More Data Usually Beats Better Algorithms", *Datawocky* (blog), http://anand.typepad.com/datawocky/2008/03/more-data-usual.html.

17. Alon Halevy, Peter Norvig und Fernando Pereira, „The Unreasonable Effectiveness of Data", *IEEE Intelligent Systems*, März 2009, 8–12.

18. Pew Research Center, *Internet Users Don't Like Targeted Ads*, 13. März 2012, http://www.pewresearch.org/daily-number/internet-users-dont-like-targeted-ads/.

19. Andrew McAfee und Erik Brynjolfsson, „Big Data: The Management Revolution", *Harvard Business Review*, Oktober 2012, 60–68.

Kapitel 2

1. „88 Acres: How Microsoft Quietly Built the City of the Future", http://www.microsoft.com/en-us/news/stories/88acres/88-acres-how-microsoft-quietly-builtthe-city-of-the-future-chapter-1.aspx.

2. Stephanie Clifford und Quentin Hardy, „Attention, Shoppers: Store Is Tracking Your Cell", *New York Times*, 14. Juni 2013, http://www.nytimes.com/2013/07/15/business/attention-shopper-stores-are-tracking-your-cell.html.
3. Emily Singer, „The Measured Life", *Technology Review*, 21. Juni 2011, http://www.technologyreview.com/featuredstory/424390/the-measured-life/.
4. IBM Corporation, „Mobile Isn't a Device, It's Data", www.ibm.com/mobilefirst/us/en/bin/pdf/wsj0429opad.pdf.
5. Neustar, „Solution Sheet" für den AccountLink Service, http://www.neustar.biz/information/docs/pdfs/solutionsheets/accountlink-solutionsheet.pdf.
6. David Carr, „Giving Viewers What They Want", *New York Times*, 24. Februar 2013, http://www.nytimes.com/2013/02/25/business/media/for-house-of-cardsusing-big-data-to-guarantee-its-popularity.html.
7. GTM Research, *The Soft Grid 2013–2020*, Studie unterstützt vom SAS-Institut, 2013, http://www.sas.com/news/analysts/Soft_Grid_2013_2020_Big_Data_Utility_Analytics_Smart_Grid.pdf.
8. Wes Nichols, „Advertising Analytics 2.0", *Harvard Business Review*, März 2013, 60–68.
9. Interview von John Brockman mit Alex (Sandy) Pentland, „Reinventing Society in the Wake of Big Data", *Edge*, 30. August 2012, http://www.edge.org/conversation/reinventing-society-in-the-wake-of-big-data.
10. Offenlegung: Ich bin ein Berater der Signals Intelligence Group.

Kapitel 3

1. Clint Boulton, „GameStop CIO: Hadoop Isn't for Everyone", *Wall Street Journal* Website CIO Journal, 10. Dezember 2012, http://blogs.wsj.com/cio/2012/12/10/gamestop-cio-hadoop-isnt-for-everyone/.
2. Das Interview mit diesem Manager, der ungenannt bleiben möchte, haben Jill Dyché und ich am 17. Februar 2013 telefonisch durchgeführt.
3. Die Verwendung von Big Data bei GroupM wurde beschrieben in Joel Schectman, „Ad Firm Finds Way to Cut Big Data Costs", *Wall Street Journal* Website CIO Journal, 8. Februar 2013, http://blogs.wsj.com/cio/2013/02/08/ad-firm-finds-way-to-cut-big-data-costs/.
4. Kerem Tomak, „Two Expert Perspectives on High-Performance Analytics", *Intelligence Quarterly* (Veröffentlichung von SAS), 2. Quartal (2012): 6.

5. Das Interview mit diesem Manager, der ungenannt bleiben möchte, habe ich am 19. März 2013 telefonisch durchgeführt.
6. Tom Vanderbilt, „Let the Robot Drive: The Autonomous Car of the Future Is Here", *Wired*, 20. Januar 2012, http://www.wired.com/magazine/2012/01/ff_autonomouscars/.
7. Interview von Joe Jimenez mit Geoffrey Colvin, „Joe Jimenez Lays Out His Path to Business Longevity", *Fortune*, 21. März 2013, http://money.cnn.com/2013/03/21/news/companies/novartis-joe-jimenez.pr.fortune/index.html.
8. Gespräche und E-Mail-Diskussionen zwischen mir und Joey Fitts von Matters Corp., September 2013. Danach wurde ich ein Berater der Matters Corp.
9. Thomas C. Redman, „Building Data Discovery Into Your Organization", *Harvard Business Review* blog post, http://blogs.hbr.org/cs/2012/05/building_data_discovery_into_y.html.
10. Die Interviews mit Amadeus (persönlich und telefonisch) wurden im Januar und Februar 2013 im Rahmen des vom Unternehmen unterstützten Forschungsprojektes „Big Data in the Travel Industry" durchgeführt; vgl. Thomas H. Davenport, „At the Big Data Crossroads: Turning Toward a Smarter Travel Experience", Juni 2013, www.amadeus.com/bigdata.
11. Persönliche und telefonische Interviews mit Lisa Hook, April bzw. Juni 2013.

Kapitel 4

1. Persönliches Gespräch und nachfolgende E-Mail-Diskussionen mit Blaise Heltai, März 2013.
2. Jake Porway, „You Can't Just Hack Your Way to Social Change", *Harvard Business Review* blog post, 7. März 2013, http://blogs.hbr.org/cs/2013/03/you_cant_just_hack_your_way_to.html.
3. Bill Goodwin, „Poor Communication to Blame for Business Intelligence Failure, Says Gartner", *ComputerWeekly.com*, 10. Januar 2011, http://www.computerweekly.com/news/1280094776/Poor-communication-toblame-for-business-intelligence-failure-says-Gartner.
4. Vgl. Thomas H. Davenport und Jinho Kim, *Keeping Up with the Quants* (Boston: Harvard Business Review Press, 2013).
5. Sinan Aral mit Visualisierungen von Nikolaos Hanselmann, „To Go from Big Data to Big Insight, Start with a Visual", 27. August 2013, *Har-*

vard Business Review blog post, http://blogs.hbr.org/2013/08/visualizing-how-online-word-of/.

6. Vincent Granville, „Vertical vs. Horizontal Data Scientists", *Data Science Central* blog post, 17. März 2013, http://www.datasciencecentral.com/profiles/blogs/vertical-vs-horizontal-data-scientists.
7. Podiumsdiskussion anlässlich der Konferenz und E-Mail-Korrespondenz mit Mark Grabb, März–April 2013.
8. Talent Analytics, „Benchmarking Analytical Talent", 2012, http://www.talentanalytics.com/talent-analytics-corp/research-study/.
9. E-Mail-Korrespondenz mit Mark Grabb, 1. April 2013.
10. Barbara Wixom et al., „The Current State of Business Intelligence in Academia", *Communications of the Association for Information Systems* 29 (2011), http://aisel.aisnet.org/cais/vol29/iss1/16.
11. Interview mit Jake Klamka von DJ Patil, meinem Co-Autor beim Artikel „Data Scientist: The Sexiest Job of the 21st Century", *Harvard Business Review*, Oktober 2012, 70–76.
12. Ich bedanke mich bei DJ Patil für die Informationen über die Arbeitsweise von Datenwissenschaftlern bei Greylock. Er war zu dieser Zeit Greylock's Chief Data Scientist.
13. Telefoninterview mit Amy Heineike, 28. Februar 2012.
14. Sy Mukherjee, „Could IBM's 'Watson' Supercomputer Be the Future of U.S. Healthcare Information Technology?", *ThinkProgress*, 26. Februar 2013, http://thinkprogress.org/health/2013/02/26/1637641/ibm-watson-supercomputer/.
15. Vgl. James Taylor, *Decision Management Systems: A Practical Guide to Using Business Rules and Predictive Analytics* (Indianapolis, IN: IBM Press, 2011), oder Website von Taylor: www.jtonedm.com.
16. PNC-Informationen kommen aus einem Interview mit John Demarchis, 10. Juni 2013.

Kapitel 5

1. Telefoninterview mit Tim Riley und anderen USAA-Mitarbeitern, 13. Februar 2013.
2. SAS, 2013 *Big Data Survey Research Brief*, S. 1, http://www.sas.com/resources/whitepaper/wp_58466.pdf.
3. Telefoninterview mit Allen Naidoo, 26. März 2013.

4. Telefoninterview von Jill Dyché mit einem Manager, der nicht genannt werden möchte, März 2013.
5. *Cisco Visual Networking Index: Global Mobile Data Traffic Forecast Update*, 6. Februar 2013, http://www.cisco.com/en/US/solutions/collateral/ns341/ns525/ns537/ns705/ns827/white_paper_c11-520862.html.

Kapitel 6

1. Telefoninterview mit Tim Riley und Shannon Gilbert, 13. Februar 2013.
2. Tasso Argyros, in mehreren informellen Gesprächen 2013.
3. Die Informationen über LinkedIn und People You May Know kommen aus einem Telefoninterview mit Jonathan Goldman, einem persönlichen Interview mit Reid Hoffman und Gesprächen mit DJ Patil aus dem Jahr 2012.
4. Die Informationen über Nora Denzel und Intuit stammen aus einem Interview mit George Roumeliotis, Februar 2012, und von Bruce Upbin, „How Intuit Uses Big Data for the Little Guy", *Forbes.com*, 26. April 2012, http://www.forbes.com/sites/bruceupbin/2012/04/26/how-intuit-uses-big-data-for-thelittle-guy/.
5. Gespräche und E-Mail-Diskussionen mit Murli Buluswar, März 2013.
6. E-Mail-Diskussion mit Zoher Karu, 25. April 2013.
7. Reid Hoffman, blog post, http://reidhoffman.org/if-why-and-how-foundersshould-hire-a-professional-ceo/.
8. Die Rolle der Automatisierung bei Finanzdiensten und die geschichtliche Entwicklung sind gut beschrieben in Christopher Steiner, *Automate This: How Algorithms Came to Rule Our World* (New York: Portfolio, 2012).
9. Die Informationen über die Heathrow-Anwendung stammen aus Interviews mit Pegasystems Managern, der Pegasystems Website (www.pegasystems.com) und von Justin Kern, „Heathrow Lands BPM for On-Time Flights", *Information Management*, 11. Dezember 2012, http://www.information-management.com/news/Heathrow-Lands-BPM-for-On-Time-Flights-10023650-1.html.

Kapitel 7

1. Jeffrey Dean and Sanjay Ghemewat, „MapReduce: Simplified Data Processing on Large Clusters", Dezember 2004, http://research.google.com/archive/mapreduce.html.
2. Jeanne G. Harris, Allan Alter und Christian Kelly, „How to Run IT at the Speed of Silicon Valley", *Wall Street Journal* blog post, 14. Mai 2013, http://blogs.wsj.com/cio/2013/05/14/how-to-run-it-at-the-speed-of-silicon-valley/.
3. E-Mail-Korrespondenz mit Christopher Ahlberg, 26. Mai 2013.
4. Diskussionsrunde und E-Mail-Korrespondenz mit Jim Davis, Mai–Juni 2013.
5. Das A/B-Testverfahren wird beschrieben in Brian Christian, „The A/B Test: Inside the Technology That's Changing the Rules of Business", *Wired*, 25. April 2012, http://www.wired.com/business/2012/04/ff_abtesting/.
6. Ich beschreibe die Testverfahren und die Vorgehensweise von betriebswirtschaftlichen Experimenten bei eBay allgemein in „How to Design Smart Business Experiments", *Harvard Business Review*, Februar 2009, 68–76.
7. Claire Cain Miller und Catherine Rampell, „Yahoo Orders Home Workers Back to the Office", *New York Times*, 25. Februar 2013, www.nytimes.com/2013/02/26/technology/yahoo-orders-home-workers-back-to-the-office.html.
8. Natasha Singer, „If My Data Is an Open Book, Why Can't I Read It?", *New York Times*, 25. Mai 2013, http://www.nytimes.com/2013/05/26/technology/for-consumers-an-open-data-society-is-a-misnomer.html.
9. Vgl. Danny Dover, „The Evil Side of Google? Exploring Google's User Data Collection", blog post über eine etwas ältere, aber immer noch beeindruckende und besorgniserregende Liste von Benutzerdaten, die Google 2008 erfasst hat: http://www.seomoz.org/blog/the-evil-side-ofgoogle-exploring-googles-user-data-collection.
10. Arun Murthy, HortonWorks blog post, http://hortonworks.com/blog/moving-hadoop-beyond-batch-with-apache-yarn/#.UjyFW2RASe0.
11. IBM Corporation, „What Is Hadoop", http://www-01.ibm.com/software/data/infosphere/hadoop/.
12. Gil Press, „Top 10 Most Funded Big Data Start-ups", *Forbes* blog post, 18. März 2013, http://www.forbes.com/sites/gilpress/2013/03/18/top-10-most-funded-bigdata-startups/.

13. Cynthia Kocialski, „The Story Behind a Big Data Startup's Success", blog post, 21. Mai 2013, http://cynthiakocialski.com/blog/2013/05/21/successful-entrepreneur-raul-valdes-perez-tells-his-startup-story/.

Kapitel 8

1. NewVantage Partners, *Big Data Executive Survey: Themes and Trends*, 2012.
2. Peter Evans und Marco Annunziata, *„Industrial Internet: Pushing the Boundaries of Minds and Machines"*, GE report, 26. November 2012, www.ge.com/docs/chapters/Industrial_Internet.pdf.
3. *Big Data: The Next Frontier for Innovation, Competition, and Creativity*, McKinsey Global Institute, 2011.
4. David Floyer, *Financial Comparison of Big Data MPP Solution and Data Warehouse Appliance*; die ganze Studie vgl. http://wikibon.org/wiki/v/Financial_Comparison_of_Big_Data_MPP_Solution_and_Data_Warehouse_Appliance.
5. SAS 2013 Big Data-Umfrage, http://www.sas.com/resources/whitepaper/wp_58466.pdf.
6. Gil Press hat eine kurze Geschichte der Datenwissenschaft in einem Forbes blog post veröffentlicht; vgl. „A Very Short History of Data Science", *Forbes.com*, 28. Mai 2013, http://www.forbes.com/sites/gilpress/2013/05/28/a-very-short-history-of-data-science/.

Anhang

1. Erik Brynjolfsson und Andy McAfee, „Is Your Company Ready for Big Data?", *Harvard Business Review* Website, http://hbr.org/web/2013/06/assessment/is-yourcompany-ready-for-big-data.

Sachverzeichnis